초판 1쇄 인쇄 2023년 8월 10일
초판 1쇄 발행 2023년 8월 21일

지은이 허창회
그린이 방상호

펴낸이 홍석
이사 홍성우
인문편집팀장 박월
편집 박주혜
디자인 방상호
마케팅 이송희·김민경
관리 최우리·김정선·정원경·홍보람·조영행·김지혜

펴낸곳 도서출판 풀빛
등록 1979년 3월 6일 제2021-000055호
주소 07547 서울특별시 강서구 양천로 583 우림블루나인 A동 21층 2110호
전화 02-363-5995(영업), 02-364-0844(편집)
팩스 070-4275-0445
홈페이지 www.pulbit.co.kr
전자우편 inmun@pulbit.co.kr

ISBN 979-11-6172-883-4 44450
ISBN 979-11-6172-842-1 (세트)

기후 위기의 시대,
극단적 기후 변화를 이해하는
필수 과학

그대로 멈춰라, 지구 온난화

허창회 글 · 방상호 그림

풀빛

지구의 온도가 올라가면
무슨 일이 생길까?

  2100년이면 세상은 어떤 모습일까요? 아마도 지금 10대인 청소년은 100살 즈음의 노인이 되어 있겠네요. 그때의 세상은 지금과 얼마나 다를까요? 과연 100년 후의 미래를 예상하는 게 가능할까요?

  아마도 그때가 되면 현재 지구에 살고 있는 80억 명의 인구가 200억 명을 훌쩍 넘을 수도 있고, 코로나와 같은 전염병이 여러 번 지나갔을 수도 있고, 인간의 수명이 엄청 길어질 수도 있고⋯ 세상에는 발전하는 만큼 불확실한 것들이 너무 많아

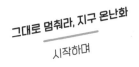

져서 미래를 예상하는 게 불가능하다고도 여겨집니다.

그런데, 너무나 그 결과가 확실해서 예측이 옳은지 그른지 따져 볼 필요가 없는 것도 있습니다. 바로, '지구 온난화(global warming)'와 '기후 변화(climate change)'가 지금보다 훨씬 심각해질 거라는 전망입니다.

날씨를 표현하는 핵심 요소인 온도, 기압, 그리고 강수량은 1800년대 중반에 유럽에서 처음 관측되기 시작했고, 1900년대 초에는 전 세계로 확대되었습니다. 소수였던 기상 관측소가 폭발적으로 늘어나면서 현재에는 사람이 살고 있는 지역이라면 어김없이 관측소가 설치되어 있습니다. 인공위성과 레이더가 기상 관측에 사용되면서부터는 관측소가 없는 지역에서도 원격 탐사 기법으로 기상 자료를 산출할 수 있게 되었고요. 대기과학자는 이렇게 얻은 엄청난 양의 기상 관측 자료를 분석하여 지구 온난화와 기후 변화를 연구합니다.

요즘에는 첨단 과학 기술과 장비의 도움을 받아서 수십만 년 전, 수백만 년 전에 나타난 기후 변화의 양상을 추정하기도 합니다. 땅속 깊숙이 묻힌 화석과 퇴적물의 종류나 형태, 그리고 빙하 속에 갇힌 공기 방울의 산소동위원소 비율을 조사하는 방법을 이용하고 있습니다.

수억 년 동안 지구를 지배했던 공룡이 한순간에 지구상에서 사라진 이유는 급작스럽게 발생한 기후 변화 때문이라고 알려져 있습니다. 공룡이 사라진 뒤에도 지구에서는 기후 변화가 계속 일어났고, 여러 번의 빙하기와 간빙기가 반복되어 나타났습니다. 가장 최근에 나타난 빙하기는 1만 5000년 전의 일입니다. 우리는 지금 그때보다 따뜻한 간빙기에 살고 있는 거지요.

빙하기와 간빙기 때처럼 지구의 평균 기온이 10여 도씩 크게 변하는 기후 변화 속에서도 우리 인간은 멸종하지 않고 살아남았습니다. 그런데 최근에 지구의 온도가 불과 1도 정도 올라갔다고 인류의 진화와 멸종을 이야기하며 두려워하는 이유는 무엇일까요?

그것은 최근 몇십 년 동안 변화된 지구의 평균 기온 상승 폭이 과거 수천 년 전에 빙하기에서 간빙기로 변하면서 나타났던 온도 상승 폭과는 비교할 수 없을 만큼 엄청나게 크기 때문입니다. 또한 그로 인해서 지구를 덮친 이상기후 현상이 심각하기 때문이기도 하고요.

이 책에서는 과거에 일어났던 기후 변화를 살펴보고, 최근에 진행되고 있는 지구 온난화와 기후 변화를 과학적으로 설명하려고 합니다. 이산화탄소가 수증기와 비교해서 온실 효과에 미치는 역할이 작음에도 불구하고 대부분의 사람이 지구 온난화의 주원인으로 알고 있는 이유가 무엇인지도 살펴볼 거고요. 전체적인 내용은 아동 도서로 저자가 썼던 《찌푸린 지구의 얼굴 지구 온난화의 비밀》과 비슷한 구조를 갖지만, 과학적인 설명을 청소년의 수준에 맞게 추가했습니다. 그리고 어린이들이 이해하기엔 어려워서 제외했던 설명도 이 책에는 자세하게 포함했고요. 어렵다고 생각되는 내용은 각주로 따로 설명해 두었으니 관심 있는 친구들은 읽어 보면 도움이 될 것입니다.

이 책을 읽으면서 지구 온난화가 우리 모두의 문제이며, 미래에 지구에서 살아갈 후손의 삶에도 심각한 영향을 끼칠 수 있다는 것을 이해했으면 하는 바람입니다.

2023년 8월
허창회

시작하며
지구의 온도가 올라가면 무슨 일이 생길까? … **4**

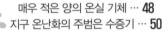

CHAPTER 01

이산화탄소,
너의 역할은?

세상에 그냥 생겨난 것은 아무것도 없습니다. 길가에 피어 있는 풀과 나무, 하늘을 나는 고추잠자리나 비 오는 산 위에 피어오르는 안개도 모두 그냥 생겨나지 않았습니다.

공기나 바닷물이나 지구 같은 것들은 원래부터 있었던 게 아니냐고요? 아니오, 그렇지 않아요. 지구 생명체가 살아가는 데 꼭 필요한 공기와 물은 우리 주변에 늘 있지만, 원래부터 있었던 것은 아닙니다.

지구의 역사 속에서 이 모든 것들이 만들어지는 과정을 알게 되면 과학자의 눈에도 너무 경이로워서 우주에 또 다른 지구가 있지는 않을까 상상하게 됩니다.

우주에서 지구와 가장 거리가 가까운 달과 비교해 볼까요?

지구에는 생명체가 살 수 있지만, 달에는 그렇지 않습니다. 왜 그럴까요? 달에는 공기와 물이 없기 때문입니다. 그러면 달에는 왜 공기와 물이 없을까요? 처음부터 없었을까요? 아니오, 그렇지 않았을 겁니다. 달에도 처음에는 지구와 마찬가지로 공기와 물이 있었겠지요. 그런데 달은 지구보다 훨씬 작고 가벼워서 공기와 물을 잡아 놓을 만큼 중력이 크지 못해 이들이 모두 우주로 흩어져 버렸습니다.

만일 지구가 지금과 다른 크기였다면 생명체가 살 수 없는 행성이 되었을 수도 있습니다. 지금보다 크면 생명체가 살기에 공기가 너무 많고, 작으면 공기가 부족하겠지요. 이처럼 지구의 탄생은 너무나 신비롭습니다. 적당한 크기와 무게를 갖고 있고 태양과도 딱 알맞은 거리만큼 떨어져 있기에 생명체가 탄생했고 번성할 수 있었던 것입니다.

그런데 최근 들어 인간을 비롯한 지구의 많은 생명체가 지구 온난화로 크게 힘들어하고 있습니다. 여러분은 지구 온난화란 말을 여기저기에서 많이 들어서 잘 안다고 생각하겠지만, 자세히 살펴보면 지구 온난화의 발생 과정을 정확하게 이해하기가 생각만큼 간단하지 않습니다. 미처 생각하지 못했던 많은 원인들이 포함되어 있으니까요.

기상과 기후 용어의 차이는?

　　텔레비전이나 라디오에서 기상캐스터가 일기예보를 하면서 기상과 기후를 언급하는 것을 들어 봤을 겁니다. 둘 다 날씨와 관련된 말이지만 의미는 크게 다릅니다.

　　기상(氣象, meteorology)은 '맑거나 흐리거나 하는 대기(지구 주위를 둘러싸고 있는 기체)의 상태'를 의미합니다. 매일 매일의 기상 변화를 표현하는 날씨(weather)와 같은 말입니다. 기상(날씨)을 좌우하는 요인은 너무나 많아서 아침과 저녁이 다르고, 오늘과 내일이 다르고, 계절마다 다르지요.

　　기후(氣候, climate)는 '오랜 기간에 걸쳐 나타난 날씨의 평균 상태'를 말합니다. 어느 지역에서 오랜 기간(대개 30년 정도) 쌓인 날씨의 정보를 모아서 평균한 결과라고 생각하면 됩니다. 예를 들어 '서울 지역의 8월 기후'라고 하면 서울에서 8월 하루하루의 날씨를 표현하는 것이 아니라, 한 달간 평균한 기온, 기압, 습도, 바람, 강수량, 구름 등의 정보를 이야기합니다. 그래서 어느 지역에서 어느 월의 기후를 알면 날씨의 경향성이나 추이를 알 수가 있어요.

아직도 날씨와 관련된 두 용어가 비슷하다고 생각되나요? 그럼 우리가 실생활에서 기상과 기후 용어를 어떻게 사용하는지 살펴보겠습니다. 그러면 차이를 더 명확하게 이해할 수 있을 거예요. 우리는 "오늘 날씨가 좋다"라고 말하지, "오늘 기후가 좋다"라고 말하지 않습니다. 또 "우리나라는 벼농사를 하기에 적합한 기후대에 속해"라고 하지, "우리나라는 벼농사를 하기에 적합한 날씨대에 속해"라고 하지 않습니다. 이제 차이를 좀 더 잘 이해할 수 있겠죠?

[1-1] 기상과 기후는 무엇이 다를까?

	기상(날씨)	기후(날씨의 평균)
의미	매일매일의 기상 변화	오랫동안 나타나는 날씨의 평균 상태
변화	급격한 변화	점진적 변화
평가	하루 또는 주간으로 평가	수년 동안 평가

오늘의 날씨를 알려드립니다.
우리나라는 벼농사하기에 적합한
기후대에 속해 어쩌구 저쩌구~

이처럼 기상과 기후의 차이를 알고 나면 이상기상(abnormal weather)과 이상기후(abnormal climate)의 차이도 쉽게 이해할 수 있습니다. 이상기상은 옛날에는 거의 나타나지 않았던 이상한 날씨가 발생하는 것을 말합니다. 어느 지역에 하루, 혹은 몇 시간 사이에 수백 밀리미터의 비가 내렸다든지, 초속 50~60미터 이상의 바람이 불었다든지, 지상의 기온이 섭씨 40도[*] 이상으로 올라갔다든지 하는 경우가 되겠지요.

이런 이상기상이 매년 반복된다면 어떨까요? 이보다 심각해져서 1년에 몇 번씩 반복된다면 어떨까요? 생각만 해도 끔찍한 재앙이 될 것입니다.

이렇게 이상기상이 자주 나타나면 "이상기후가 발생한다"라고 말할 수 있습니다. 그런데 옛날에는 잊어버릴만 하면 가끔 나타나던 이상기상이 요즘에는 너무 자주 나타나서 오히려 이상기상이 없는 해가 이상하게 느껴질 정도입니다. 이상기후가 일상화되었다는 것을 의미하는 것이지요.

2000년에 중남미와 태평양 연안에 있던 나라들은 집중 호

---

[*] 이 책에서는 온도(혹은 기온)를 사용할 때, 특별한 언급이 없으면 섭씨(℃) 단위를 이용한다. 온도를 나타내는 단위에는 섭씨뿐 아니라 미국에서 사용하는 화씨(℉)와 과학계에서 사용하는 절대온도(K)도 있다.

그대로 멈춰라, 지구 온난화

이산화탄소, 너의 역할은?

우(한 지역에서 짧은 시간에 내리는 많은 양의 강한 비)로 국가 재산의 절반이 파괴되는 엄청난 피해를 보았습니다. 2022년 여름 유럽에서는 불볕더위가 찾아와서 영국과 프랑스, 그리고 스페인에서 지표면의 기온이 40도가 넘는 폭염이 나타났습니다. 여름철에도 서늘하기로 유명한 영국에서 이렇게 높은 온도가 관측되었다는 것이 믿어지지 않습니다.

우리나라도 이상기상과 이상기후의 예외 지역이 아닙니다. 거의 해마다 봄과 가을에는 가뭄과 이에 따른 산불로, 여름에는 집중 호우와 태풍으로, 겨울에는 한파와 폭설로 큰 피해를 입고 있습니다. 최근에는 여름 장마 기간과 이후 기간에 국지적으로 발생하는 극한 호우 때문에 큰 손해를 입고 있습니다. 게다가 우리가 지금까지 알고 있던 장마 기간의 강수량 분포와 형태가 달라지고 있어서, 기상청에서는 '장마' 용어를 계속 사용할지 아니면 다른 용어를 도입해야 할지 심각하게 고민 중이라고 합니다.

이 모든 것이 이상기후로 인해서 생겨난 문제들입니다. 대기과학자들은 앞으로 이상기상과 이상기후가 더 자주 그리고 더 크게 발생하면 인류의 생존이 위험해질 수 있다고 경고합니다.

기상과 기후 만큼은 아니지만, 우리가 흔히 헷갈려 하는 단어가 하나 더 있습니다. 바로 '온도'와 '기온'입니다. 둘 다 뜨겁고 차갑고를 표현하는 용어지만, 온도는 일반적으로 사용하는 단어이고, 기온은 '공기의 온도'를 특정해서 사용하는 단어입니다.

　예를 들어 '몸의 온도'라고 해야지 '몸의 기온'이라고 하면 뜻이 이상해집니다. 몸의 기온은 우리 몸 공기의 온도라는 것인데 이상한 말이 되잖아요? 또, '지구의 온도' 하면 지구 육지와 바다, 그리고 공기까지 포함해서 지구의 전반적인 온도가 되겠지요. 그런데 '지구의 기온'이라고 하면 '지구 표면인 토양의 온도'가 아니라 '지표면에 접한 공기의 온도'를 특정하는 말이 됩니다. 기상 관측소에서는 대개 1.2미터 높이에서 공기의 온도를 관측하므로, 기온을 관측하는 것입니다. 이 책에서 온도와 기온이 많이 언급되니 두 용어를 어떻게 구분해서 사용하는지 주의 깊게 살펴보세요.

지구의 온도는 왜 변할까?

　　최근 기후 변화(climate change)라는 말을 많이 들어 봤을 텐데요, 앞서 정의한 기후의 의미를 적용해 보면 '오랜 기간 평균한 날씨의 변화'를 말합니다. 당연히 하루하루 날씨가 변한 것이 모여서 만들어진 결과입니다. 지구의 기후 변화를 일으키는 요인에는 여러 가지가 있는데, 그중에서 가장 문제가 되는 것이 바로 지구 온난화입니다.

　지구 온난화는 말 그대로 지구가 더워지는 현상을 말합니다. 우리는 더우면 얇은 옷으로 갈아입거나 건물과 그늘로 들어가서 피할 수 있지만, 지구는 바꿔 입을 옷도 없고 높아지는 온도를 피해 도망칠 수도 없습니다. 만일 지구가 태양으로부터 조금 멀리 떨어질 수 있다면 온난화를 걱정하지 않아도 되겠지만, 현재 인류는 이런 기술력을 갖고 있지 못합니다. 그러니 지구가 온난화를 피할 물리적인 방법이 없는 셈이지요.

　그런데 지구 온난화의 심각한 영향은 지구가 단순히 더워지는 것으로 끝나지 않는다는 데에 있습니다. 지구 온난화가 진행되면서 예전에는 나타나지 않았던 이상기상이 자주 나타나서 전 지구의 기후를 변화시키고 있기 때문입니다. 그래서 우리는 지구 온난화가 심각해지는 것을 걱정해야 하고, 더 늦기 전에 지금 당장 대책을 세워야 합니다.

지구 온난화는 무엇 때문에 발생하는 걸까요? 바로, 대기 중에 온실 기체(greenhouse gas)가 너무 많아졌기 때문입니다. 증가한 온실 기체는 필연적으로 지구의 온도를 높이거든요.

온실 기체가 뭐냐고요? 온실 기체는 마치 담요처럼 지구의 온도를 적당히 유지해 주는 기체를 말합니다. 온실 기체에는 여러 가지 종류가 있는데, 여러분이 잘 알고 있는 이산화탄소(CO_2)가 포함됩니다. 사람들은 편리한 삶을 위해 수많은 공장을 지어 물건을 만들고, 전기 발전소를 건설하고, 그리고 거리에는 기차와 자동차가 돌아다닙니다. 모두 지난 200년이 안 되는 기간에 일어난 일입니다. 이 때문에 지구가 감당할 수 없을 정도로 많은 이산화탄소가 공기 중에 뿜어져 나왔습니다. 지금, 이 순간에도 전 세계에서는 엄청난 양의 이산화탄소가 공기 중으로 쏟아져 나오고 있지요.

요즘 대기 중에 증가하고 있는 이산화탄소의 대부분은 화석 연료를 태우는 과정에서 뿜어져 나오는 것입니다. 수백만 년 전, 수천만 년 전, 어쩌면 그보다 훨씬 오래전부터 지구에 살았던 생물이 죽어서 만들어진 석탄, 석유, 천연가스 등에는 엄청난 양의 탄소가 저장되어 있습니다. 지하 깊은 곳에 저장돼 있던 화석 연료를 캐내 사용하면, 그 안에 포함되어 있던 탄소

[1-2] 이산화탄소의 장점과 단점

가 대기로 방출되고 산소와 만나서 이산화탄소가 만들어집니다. 이때, 공기를 더럽히는 여러 오염 물질도 함께 나오게 되지요.

'이산화탄소'라는 단어를 떠올리면 지구 온난화의 주범, 또는 환경오염 같은 부정적인 의미가 먼저 떠오르나요? 그렇지만, 과학적으로 따져 보면 전혀 그렇지 않다는 것을 알게 됩니다. 이산화탄소는 온난화의 주범이 아니고, 더군다나 대기를 더럽히는 환경오염 물질도 아닙니다.

이산화탄소가 없었다면 지구 생명체는 살아갈 수 없었을 거예요. 우리에게는 정말 소중한 기체입니다. 특히 식물이 살아가는 데는 반드시 있어야 합니다. 식물은 이산화탄소를 흡수하고 햇빛을 받아 광합성을 하면서 성장하거든요. 그래서 생명체와 이산화탄소는 떼려야 뗄 수 없는 서로 밀접한 관계를 맺고 있습니다.

또한 적당한 양의 이산화탄소는 지구 온도를 생물이 살아가기에 알맞게 만들어 줍니다. 만일 이산화탄소가 없었다면 지구 온도는 지금보다 훨씬 낮았을 것입니다. 이산화탄소가 지구 표면과 대기를 적절하게 데워 주는 온실 기체의 역할을 하는 것이지요.

그대로 멈춰라, 지구 온난화

이산화탄소, 너의 역할은?

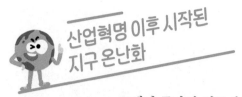

산업혁명 이후 시작된
지구 온난화

18세기 중반에 영국에서 시작된 산업혁명**은 수천 년간 이어져 온 농업을 기반으로 한 사회를 순식간에 공업 중심의 사회로 바꿔 버렸습니다. 여러 사람이 힘들게 해야 했던 작업을 몇 대의 기계가 대신하면서 생산량이 엄청나게 늘어났지요.

옷을 예로 들면, 산업혁명 이전에는 사람이 손으로 직접 만들어야 해서 작업하기가 매우 힘들고 시간도 오래 걸렸습니다. 그런데 산업혁명이 일어난 후에는 기계가 짧은 시간에 많은 양의 옷을 손쉽게 만들 수 있게 되었습니다.

• 지구 생명체는 탄소와 밀접하게 연관되어 있다. 식물은 태양 에너지를 흡수하고 물(H_2O)과 이산화탄소(CO_2)를 결합시켜서 모든 생명체의 에너지원이 되는 포도당($C_6H_{12}O_6$)을 만들어 낸다. 이 과정을 화학식으로 표현하면 다음과 같다.

$$태양 에너지 + 12H_2O + 6CO_2 \rightarrow C_6H_{12}O_6 + 6H_2O + 6O_2$$

태양 에너지와 물, 이산화탄소가 만나서 포도당과 물, 산소를 만드는 것이다. 탄소를 포함하고 있는 포도당은 탄수화물 대사의 중심적 화합물로서 산소와 만나서 에너지를 만들어 낸다.

$$C_6H_{12}O_6 + 6O_2 \rightarrow 6CO_2 + 6H_2O + 686 \, kcal$$

두 식을 합치면, 태양 에너지가 식물이라는 매개체를 통해서 물과 이산화탄소, 산소를 흡수하고 방출하면서 우리가 사용하는 에너지로 바꾸고 있다.

•• 1760～1820년에 영국에서 시작된 기술의 혁신과 새로운 제조 공정의 전환으로 사회와 경제 등에 나타난 큰 변화를 일컫는다.

22
23

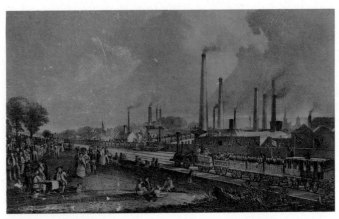

[1-3] 대규모 공장이 생겨나면서 석탄 소비가 증가해 대기 오염이 심각해졌다.
(사진 출처: 위키피디아)

산업혁명을 계기로 인류는 그 전에는 상상할 수 없었던 엄청난 물질적인 풍요를 누리게 되었습니다. 그러나 물질의 풍족함을 나타내는 환한 얼굴 뒤로 지구 온난화와 기후 변화라는 검은 그림자가 드리워지고 있는 것을 그때는 몰랐지요.

수십 년 전까지만 해도 공장에서 나오는 매연과 폐수는 그 주변 지역만 오염시켰습니다. 공장 지대를 벗어나면 깨끗한 공기로 숨 쉬고, 깨끗한 물을 마실 수 있었지요. 그러나 100여 년 넘게 오염 물질이 쌓인 지금은 공장 지대든, 도심이든, 시골이든 상관없이 전 세계 많은 지역에서 환경오염이 심각해지고 있습니다.

　불행하게도 우리나라는 이런 환경 문제에 관해서는 세계적
으로도 열악한 조건에 놓여 있습니다. 우리나라가 '세계의 공
장'이라고 불리는 중국의 동쪽에 자리 잡고 있기 때문입니다.
중위도에서는 일 년 내내 서풍 바람이 우세한 것을 알고 있지
요? 이 서풍 바람을 타고 중국에서 배출된 오염 물질이 우리
나라로 넘어와서 전국 곳곳을 오염시키고 있는 상황입니다.
물론, 우리 주변의 오염 물질이 전부 중국으로부터 넘어온 것
은 아닙니다. 우리나라에서도 상당한 양의 오염 물질이 쏟아
져 나오고 있으니까요.

갈수록 빠르게 증가하는 이산화탄소

　　1850년 이전에는 공기 중에 이산화탄소
의 양이 280ppmv* 정도였습니다. 원래 이산화탄소는 대기에

---

* 백만 분의 일 부피(parts per million by volume). 280ppmv는 대기 중 이산화탄소의
부피가 전체 대기의 0.028퍼센트를 차지하고 있음을 나타낸다.

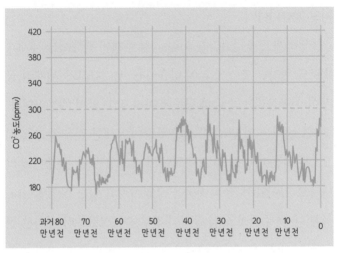

[1-4] 남극 빙하 속에 갇힌 공기 방울로 추정한 이산화탄소의 양

서 그 양이 크게 변하지 않는 기체입니다. [1-4] 그래프에서 보듯이 남극 빙하에 갇힌 공기 방울을 분석해서 추정한 이산화탄소의 양은 지난 80만 년 동안 180~300ppmv에서 변동하고 있었습니다.

그런데 산업혁명 이후에는 상황이 완전히 바뀌었습니다. 이산화탄소의 양이 폭발적으로 증가해서 1950년 무렵에는 310ppmv가 되었습니다. 100년 동안 30ppmv가 많아졌지요. 1950년부터 이산화탄소의 양은 더 가파르게 증가하여 2001년

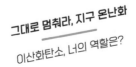

에는 370ppmv가 되었습니다. 불과 50년 만에 60ppmv나 많아졌지요. 그전 100년 동안 30ppmv가 많아진 것과 비교했을 때, 최근 50년 동안에는 60ppmv나 많아졌으니 증가 속도가 지난 100여 년 사이에 4배나 빨라진 셈입니다.

1960년대에 몇몇 대기과학자는 공기 중에 이산화탄소와 같은 온실 기체가 많아지면 지구의 온도가 높아질 거라고 추정했습니다. 그전까지는 이산화탄소가 증가해서 지구 기후에 어떤 영향을 끼칠지를 연구한 적이 없었지요. 이런 주장을 펼친 미국 프린스턴 대학교의 슈크로 마나베 교수는 지구 온난화 연구를 선도한 공로를 인정받아서 2021년에 노벨물리학상을 수상하였습니다.

그런데 최근까지도 지구 온난화에 대한 걱정과 우려는 산업을 발달시켜 국가 경제를 성장시켜야 한다는 요구에 밀려서 사회적으로 관심거리가 못 되었어요. 특히, 중국과 인도 등 몇몇 국가는 이런 우려와 걱정을 아예 무시하고 있는 실정입니다. 잘 알려져 있듯이 이산화탄소가 급격하게 증가한 지난 수십 년 사이에 지구 온난화와 기후 변화라는 엄청난 일이 일어났습니다. 앞으로는 어떻게 될까요? 2001년에 370ppmv 정도였는데, 이보다 60ppmv 많은 430ppmv에 도달하는 시기는 언제쯤일까요? 많은 과학자들은 세계 모든 나라가 이산화탄소를 줄이려고 적극적으로 노력한다 해도 2030년 이전에 그렇게 될 것이라고 예상합니다. 만약 적극적으로 노력하지 않으면 그날은 훨씬 더 빨리 오겠지요. 이미 2022년 6월에 이산화탄소의 양이 420ppmv을 넘었습니다.

지난 1000년 동안 지구의 온도 변화

산업혁명 이후 지구의 평균 온도는 꾸준히 높아지고 있습니다. 요즘 지구촌 곳곳에서 과거에는 상상할 수 없었던 높은 온도(기온)가 관측되고 있습니다.

어떤 대기과학자는 오래된 나무의 나이테 등 온도를 추정할 수 있는 자료를 수집해서 지금까지 온도가 어떻게 변하고 있는지 연구하고 있습니다. 나이테를 살펴보기 위해 반드시 살아 있는 나무를 잘라야 하는 것은 아닙니다. 우리나라 곳곳에 세워져 있는 오래된 목조 건축물을 이용해도 연구할 수가 있거든요. 이 건축물이 언제 세워졌는가를 알면 문제가 쉬워집니다. 건축하기 몇 년 전에 나무를 잘랐을 테니, 나이테 바

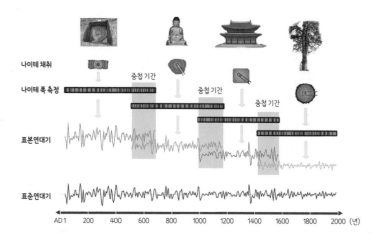

나이테 채취

나이테 폭 측정

중첩 기간

중첩 기간

중첩 기간

표본연대기

표준연대기

AD 1   200   400   600   800   1000   1200   1400   1600   1800   2000 (년)

[1-5] 기온 변화 모식도
현재 살아 있는 나무와 고건축, 목조 유물, 선사 유적에서 발굴한 목재 자료를 혼합해서 장기간의 온도 변화를 추정하는 모식도이다. (자료 참고: 전통건축수리기술진흥재단 정현민 선임연구원)

깥쪽의 연도를 개략적으로 알 수가 있지요. 그림은 오래된 건

축물에 사용된 나무를 관찰해서 장기간의 온도 변화를 추정

하는 방법을 모식도로 나타낸 것입니다.

　과거 1000년 정도의 온도 변화를 추정하는 데에는 육지에

서는 나무, 바다에서는 산호를 이용합니다. 다음 그래프는 지

구의 평균 온도가 지난 1000년 동안 어떻게 변했는가를 보여

주고 있습니다. 1800년대 중반에 온도계가 발명되어 지표면

부근의 공기 온도를 관측하기 전까지는 나이테 자료를 이용했습니다. 서기 1000년 즈음에 그 값이 가장 컸고, 이후 산업혁명 전까지는 완만하게 줄어들었습니다.

그런데, 산업혁명 이후에 급격하게 온도가 상승했습니다. 그 증가 속도는 지난 1000년의 어느 시기에서도 볼 수 없었던 급격한 변화입니다. 많은 대기과학자는 이 온도의 변화를 살

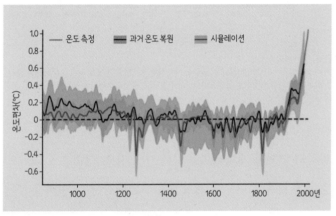

[1-6] 지난 1000년 동안의 지구 평균 지표면 온도 변화
1800년대 중반 이후에는 온도계 관측 자료이며, 그전까지는 나무 나이테를 분석해서 얻은 추정값이다. 기후모델*을 이용해서 시뮬레이션한 온도의 변화도 함께 나타내었다.
(참고: IPCC 6차 보고서)

• 기후모델은 기후를 구성하는 여러 요소를 역학과 물리 방정식으로 표현해서 만든 컴퓨터 프로그램이다. 프로그램 계산 과정이 복잡하고 입력과 출력 변수의 종류와 크기가 커서 슈퍼컴퓨터를 이용해 시뮬레이션한다.

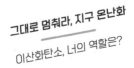

그대로 멈춰라, 지구 온난화

이산화탄소, 너의 역할은?

퍼보고서 지구 온난화가 우연히 일어난 현상이 아니라고 확신합니다.

그래프를 보고 눈썰미가 좋은 사람은 '어, 지구 온난화라고 하더니 온도가 오히려 낮아지는 때도 있네?'라고 반문할 수도 있을 것입니다. 그렇습니다. 1940년에서 1980년 사이에 지구의 온도가 분명히 낮아졌습니다. 기후모델 시뮬레이션에서도 비슷한 온도 변화가 나타납니다. 믿기 어렵겠지만 그 당시 사람들은 온난화가 아니라 냉각화를 걱정했습니다. 지구 온도가 낮아지면 곡식이 잘 자라지 않을 테니 식량 문제가 일어날 것이라고 걱정했고, 어떤 과학자는 지구 온도가 낮아지는 것을 막기 위해 극 지역 빙하 위에 숯검정을 뿌려야 한다고 주장하기도 했습니다. 숯검정이 햇빛을 빨아들이면 온도를 높일 수 있다면서요.

하지만 지금의 사람들은 지구 온난화를 걱정하고 있습니다. 정말 흥미로운 점은, 지구 온도가 낮아질 때와 마찬가지로 온도가 높아져도 곡식 생산량이 줄어들어 식량 문제가 일어날 수 있다는 겁니다. 농업은 다른 산업과 비교해 기후와 매우 깊은 관계가 있거든요. 지역의 기후 조건을 고려해 가장 적합한 작물을 재배하고 수확하니까요. 기후가 달라지면 그동안

국내에 없었던 새로운 병해충과 잡초가 확산되어 농가는 큰 피해를 입습니다. 폭우, 일조 부족 등으로 생산량이 줄거나 품질이 떨어지기도 하고요.

특히 기후 변화로 인해 우리나라의 주식인 쌀의 생산량이 감소할 것이라는 예측이 나오고 있습니다. 기후 모델 미래 시뮬레이션에 따르면 쌀 생산량이 2100년 즈음에는 지금의 절반 이하로 줄어들 것이라고 하네요. 기후 변화가 잦아지면 모든 생태계가 제대로 유지될 수 없습니다. 우리 인류에게는 지구 온도가 낮아지는 것도, 높아지는 것도 모두 이롭지 않습니다. 가장 좋은 기후와 기상 상황은 지금의 상태를 유지하는 것이지요.

이산화탄소는 계속 늘어나고 있지만 그림에서 보듯이 지구의 온도는 어떤 해에는 높아지기도 하고 어떤 해에는 낮아지기도 합니다. 왜 그럴까요? 이산화탄소가 늘어났는데 왜 지구의 온도가 낮아질 때가 있을까요? 혹시 이산화탄소 말고도 지구 온난화에 영향을 주는 다른 무엇이 있는 걸까요?

만일 이산화탄소의 증가에 비례해서 지구의 온도가 변한다면 대기과학은 너무 단순한 학문일 거예요. 대기과학을 열심히 공부하고 연구해야 할 필요가 없는 정말 따분한 학문이겠지요. 하지만 실제로는 그렇지 않아서 천만다행이라고 생각합니다.

  그럼 지금부터 지구 온난화와 기후 변화를 일으키는 진짜 비밀을 알아봅니다.

CHAPTER 02

날로 커지는
온실 효과

'아니 땐 굴뚝에 연기 날까'라는 속담이 있습니다. 옛날에 부엌에서 사용하는 아궁이에 불을 지피면 굴뚝에서는 당연히 연기가 나야 하겠지요. 이처럼 무슨 일이 일어났을 땐 반드시 원인이 있다는 의미로 쓰이는 말입니다.

지구 온난화도 마찬가지예요. 산업혁명 이후 200년 동안 이산화탄소가 공기 중으로 펑펑 뿜어져 나와 쌓이면서 필연적으로 지구 온난화가 일어난 거예요. 현재 거의 모든 대기과학자가 엄청나게 늘어난 이산화탄소로 인해서 지구의 온도가 높아졌다고 확신하고 있습니다.

그래서 세계 여러 나라는 정부를 중심으로 이산화탄소 배출량을 줄이기 위해 친환경 에너지 정책을 펴고 있습니다. 하지만 이런 정책에 반대하는 목소리도 있어요. 기후 변화는 '과학자와 자본가들이 만들어 내는 사기'라며 국제적인 기후 변화 대응 움직임에 대해 비판적인 시각을 가지고 목소리를 높이는 것이죠. 그들은 전 세계 많은 지역이 엄청난 폭설과 기록적인 한파로 고통받고 있다면서 지구 온난화가 잘못된 이론이라고 주장합니다.

하지만 이것은 기후와 기상(날씨)을 혼동한 잘못된 인식의 결과라고 생각합니다. 기후와 기상의 차이를 제대로 알고 있다면 기록적인 폭설이나 한파가 지구 온난화를 부정하는 증거가 아니라는 것을 바로 알았을 텐데 말이에요.

지구 온난화로 인한 기후 변화는 폭염 같은 무더위만 있는 것이 아닙니다. 여름에는 찜통더위가 기승을 부리고 겨울에는 강력한 한파가 찾아오기도 하지요. 또한 태풍은 더욱 강력해지고 가뭄, 폭우, 홍수 등 극단적인 기상 현상이 빈번하게 발생합니다.

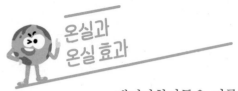

대기과학자들은 기록적인 이상기상이 지구 기후의 극적인 변화를 증명하는 사례라고 설명합니다. 실제로 IPCC® 기후 변화 보고서에서는 하루나 일주일가량의 극한 추위가 발생했다고 해서 지구 온난화와 기후 변화를 부인할 수 없다는 설명이 포함되어 있습니다. 지구 온난화로 인해서 기후 변화가 일어나고 있다는 과학적 사실과 정보들은 이미 차고 넘치니까요. 그러니 혹시라도 지구 온난화를 과학자들의 사기극이라고 주장하는 사람들의 궤변을 믿지 않기 바랍니다.

그럼, 이산화탄소는 어떤 방식으로 지구의 온도를 높였을까요? 이산화탄소 속에 난로라도 들어 있는 걸까요? 아니면 공장에서 나오는 열이 배기가스에 포함된 이산화탄소를 뜨겁

• IPCC(Intergovernmental Panel on Climate Change, 기후 변화에 관한 정부간 합의체)는 1990년에 1차 기후 변화 보고서, 1995년에 2차 보고서, 2001년에 3차 보고서, 2007년에 4차 보고서, 2013년에 5차 보고서, 그리고 2021년에 6차 보고서를 발간했다. 지구 온난화와 기후 변화에 관한 종합적인 과학 지식뿐 아니라 사회, 경제적인 영향까지 다루고 있다.

게 해서 지구를 덥게 한 걸까요? 그것도 아니면 이산화탄소가 우리가 덮는 담요처럼 지구를 포근하게 감싸고 있는 걸까요? 그러면 어떻게 눈에 보이지도 않는 기체인 이산화탄소가 지구를 덥게 할까요?

이산화탄소가 어떻게 지구의 온도를 높이는지 알기 위해서는 먼저 '온실 효과(greenhouse effect)'에 대해 알아야 합니다.

모두가 온실에 가 본 적이 있을 거예요. 설령 방문한 적이 없더라도 사진으로는 봤을 거고요. 온실은 지붕과 벽면 모두 투명한 유리로 덮여 있습니다. 이처럼 온실이 투명한 유리로 덮여 있는 이유는 햇빛을 잘 들어오게 하고, 온실 안의 열을 밖으로 빠져나가지 못하게 하기 위함입니다.

온실에 들어가서 내부의 온도를 재 보면 바깥보다 훨씬 높습니다. 밭이나 논에 세워 놓은 비닐하우스도 온실과 같은 원리를 이용해서 만듭니다. 값싼 비닐로 비싼 유리를 대체하는 것이지요.

대기에서는 수증기(H_2O), 이산화탄소, 오존(O_3), 그리고 메탄(CH_4) 등의 온실 기체가 바로 온실의 유리 혹은 비닐하우스의 비닐과 같은 역할을 하고 있습니다. 이런 면에서 보면 지구를 아주 커다란 온실이라고 부를 수도 있겠네요.

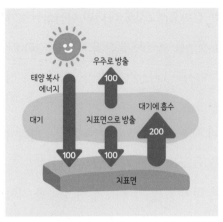

[2-1] 온실 효과 모식도

지표면		대기	
태양 복사 흡수	+100	지표면으로부터 지구 복사 흡수	+200
지구 복사 방출	-200	우주로 지구 복사 방출	-100
지구 복사 흡수	+100	지표면으로 지구 복사 방출	-100
합	0	합	0

　　온실 효과는 지구가 적정한 온도를 유지하기 위한 필수적인 과정이며, 지금과 같은 공기의 구성 성분이 만들어진 수십억 년 전부터 있었던 현상입니다. 즉 온실 효과 자체가 문제가 되어 지구 온난화가 발생하는 것이 아니라는 거죠.

　　실제로 대기에서 일어나는 온실 효과는 지구 온도를 일정하게 유지해 주는 매우 중요한 역할을 합니다. 만약 온실 효과가 없거나 아주 적으면, 지구는 화성처럼 태양이 없는 밤에는

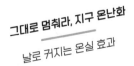

모든 열이 순식간에 우주 공간으로 빠져나가서 영하 수십 도로 떨어지게 될 테니까요. 낮과 밤의 온도 차이를 아무리 적게 잡아도 100도는 될 거예요.

하지만 온실 효과를 일으키는 여러 기체의 농도가 인간의 인위적인 활동으로 인해 과다하게 증가하면서 문제가 발생하고 있습니다.

혹시 '지구 온난화가 순전히 온실 효과 때문에 일어나는 것이 아닐까?'라고 생각하고 있나요? 물론 지구 온난화가 온실 효과 때문에 일어나는 것은 맞습니다. 하지만 정확한 답은 아니에요. 왜냐하면 온실 효과는 지구 온난화와 상관없이 공기, 정확하게는 온실 기체가 있는 곳에서는 반드시 발생해야 하거든요. 그러므로 정확한 답은 '지구 온난화는 온실 효과가 커지기 때문에 발생한다'입니다.

지구를 감싸고 있는 공기는 대부분 질소(N)와 산소(O)로 이루어져 있어요. 이 두 기체를 합하면 전체 공기의 99퍼센트가 되니까 공기는 질소와 산소로 이루어져 있다고 해도 아주 틀린 말은 아닙니다. 질소가 78퍼센트, 산소가 21퍼센트, 그리고 아르곤이 0.9퍼센트 정도거든요. 그런데 흥미롭게도 대기의 대부분을 차지하는 이들 세 종류의 기체는 온실 효과를 일으키지 않습니다. 지구 온도를 조절하는 데 이들 기체가 전혀 역할을 하지 않는다는 이야기입니다. 오히려 공기 중에 매우 적은 양을 차지하고 있는 수증기, 이산화탄소, 오존, 메탄 등의 온실 기체가 온실 효과에 영향을 끼치고 있습니다. 그들 온실 기체를 모두 합쳐 봐야 공기 중에서 0.04퍼센트 남짓에 불과한데 말이에요.

지구에 들어오는 태양 복사 에너지의 크기는?

지구에 사는 모든 생명체는 태양으로부터 에너지를 얻습니다. 식물은 햇빛을 받아 광합성을 하면서 자라고, 그 식물은 곤충이나 초식 동물들의 먹이가 되지요. 또 초식 동물은 육식 동물의 먹이가 되어 생태계가 유지되고 있습니다.

태양은 날씨를 바꾸는 원동력이 되기도 합니다. 바람이 부는 것도, 비가 오는 것도, 태풍이 상륙해서 큰 손해를 끼치는 것도, 사막이 생기는 것도 알고 보면 모두가 지구가 태양 에너지를 흡수하기 때문에 가능한 일입니다. 옛날 이집트 사람들이 태양을 신으로 섬긴 것도 이런 이유가 아니었을까요?

태양은 우리가 알고 있는 한 가장 가벼운 기체인 수소로 이루어져 있는데, 핵융합 작용을 통해 수소가 헬륨으로 바뀌면서 열과 빛을 우주로 내보내고 있습니다. 태양에서 매일 엄청나게 많은 수소폭탄이 터진다고 상상해도 되는 상황입니다. 이에 따라서 태양 중심의 온도는 약 1500만 도, 바깥 부분의 온도는 약 6000도에 이릅니다.

지구는 우주 공간으로 방출되는 태양의 에너지를 흡수해서 온도를 높이고, 반대로 지구는 그 온도에 대응하는 에너지를 우주 공간으로 내보내고 있습니다. 이런 과정이 복사(radiation)● 를 통해서 일어납니다.

복사가 과학 용어라서 어렵게 느껴지겠지만, 우리의 실생활에서 유용하게 이용되는 에너지 전달 방법입니다. 예를 들어 숯불에 직접 손을 대지 않아도 가까이 다가가면 따스함을 느낄 수 있지요? 열이 대기 공간을 통해서 우리에게 전달되기 때문입니다. 이 열이 바로 숯불의 복사 에너지입니다. 마찬가

●전도나 대류는 에너지를 전달하는 물질의 도움을 받아 전달되지만, 복사는 다른 물질의 도움 없이 전달된다.

지로 태양에서는 태양 복사 에너지(solar radiation energy)가, 지구에서는 지구 복사 에너지(terrestrial radiation energy)가 방출되고 있습니다. 물론 우리 몸에서도 36.5도 체온에 상응해서 복사 에너지가 나오고 있지요.

지구뿐 아니라 우주에서 온도를 가진 모든 물체에서는 복사 에너지가 방출되고 있습니다. 태양이 지난 수십억 년 동안 쉼 없이 지구를 데워도 지구의 온도가 크게 변하지 않은 이유는 바로 지구가 복사 에너지를 방출하고 있기 때문입니다. 지구는 흡수하는 태양 복사 에너지에 해당하는 만큼의 지구 복사 에너지를 계속해서 우주 공간으로 내보내고 있습니다. 이와같이 어떤 물체가 흡수하는 복사 에너지와 방출하는 복사 에너지가 같아서 일정한 온도를 유지하는 것을 복사평형이라고 합니다.

그럼, 지구가 흡수하는 태양 복사 에너지는 얼마나 될까요? 지구에 들어오는 태양 에너지의 크기는 태양의 표면 온도, 반지름, 그리고 태양과 지구 사이의 거리를 알면 계산할 수 있습니다. 그런데 어렵게 방정식을 만들지 않아도 그 값을 아는 방법이 있어요. 인공위성으로 그 값을 관측할 수 있습니다. 인공위성 관측 자료를 보면 지구 대기 꼭대기에 수직으로 들어오는 태양 복사 에너지의 양은 1제곱미터당 1367와트(W)* 입니다. 주변에서 흔히 보는 60와트 세기의 전구 23개가 가로 1미터, 세로 1미터 되는 넓이를 비추고 있는 셈이지요.

그런데 지구가 태양으로부터 에너지를 받는 면적은 지구 전체 면적의 4분의 1에 해당합니다. 이를 확인하려면 불을 끈 방에서 축구공이나 농구공에 전구를 비춰 보면 쉽게 알 수가 있어요. 전구 빛이 닿는 공의 면적은 전체의 얼마나 되나요? 4분의 1 정도입니다. 하지만 지구는 들어오는 태양 복사 에너지를 모두 흡수하지 못합니다. 햇빛이 지구 표면이나 구름 등에 의해서 반사되기 때문이지요. 이렇게 반사되는 양을 전부 합하면 30퍼센트 정도이니, 지구는 태양 복사 에너지의 70퍼센트만 흡수하는 셈입니다.

이 내용을 정리하면 지구가 흡수하는 태양 복사 에너지의 크기를 계산할 수 있습니다. 즉, 1367와트÷4×0.7은 약 240와트. 따라서 지구가 온도를 일정하게 유지하기 위해서는 1제곱미터당 240와트만큼의 에너지를 우주로 내보내야 합니다. 이것이 바로 지구가 우주로 방출하는 복사 에너지 값입니다.

• 1W $=1Js^{-1}=1Nms^{-1}=1kgm^2s^{-3}$

지구 온난화를 이야기하려면, 그리고 온실 효과를 계산하려면 지구의 평균 온도를 먼저 알아야 할 텐데요, 그렇다면 우리가 사는 지구의 온도는 어떻게 계산할 수 있을까요?

온도가 있는 모든 물체는 복사 에너지를 방출한다고 했습니다. 지구도 자신의 온도에 해당하는 1제곱미터당 240와트의 복사 에너지를 우주로 방출하고 있습니다. 그럼, 1제곱미터당 240와트의 복사 에너지를 방출하는 지구의 온도는 몇 도일까요? 복사 에너지와 온도의 관계를 다루는 스테판-볼츠만 식에 따라서 계산할 수가 있어요.* 식을 계산해 보면 지구의 평균 온도는 영하 18도여야 합니다.

---

* 방출되는 지구 복사 에너지(B)는 지구 온도(T, 섭씨온도에 273도를 더한 절대온도(K))의 4제곱에 비례. 여기에 상수($\sigma = 5.67 \times 10^{-8} Wm^{-2}K^{-4}$)를 곱해서 스테판-볼츠만식이 만들어진다.

$$B = \sigma T^4$$

위 식에 지구 복사 에너지 $240Wm^{-2}$를 B에 대입하면, 지구 온도(T) 255K를 얻는다. 이를 섭씨온도로 바꾸면 영하 18도(℃)가 된다.

그대로 멈춰라, 지구 온난화

날로 커지는 온실 효과

그런데 좀 이상하지요? 현재 지구의 표면 온도를 재어 보면 평균적으로 영상 15도 정도인데, 계산된 온도는 영하 18도라니요. 자그마치 33도나 차이가 납니다. 왜 그럴까요? 혹시 계산식이 잘못된 게 아닐까 생각하고 있나요?

차이가 생기는 이유는 식으로 계산한 온도가 지구 표면에서 실제로 측정한 게 아니라 지구에서 나오는 복사 에너지만으로 산출했기 때문입니다. 그러면 실제 지구 표면 온도가 계산한 값에 해당하는 온도보다 33도나 높은 이유는 무엇일까요?

그것은 지구 표면 온도가 지구를 둘러싸고 있는 온실 기체의 영향을 받아서 높아졌기 때문입니다. 만일 온실 기체가 없었다면 실제 지구의 표면 온도는 계산해서 나온 값과 마찬가지로 영하 18도였을 것입니다.

이처럼 온실 기체로 인해 지구의 온도가 33도나 높아지는 것은 바로 '온실 효과' 때문입니다. 지구는 기권에서 일어나는 온실 효과 덕분에 생명체들이 살아가기에 적당한 온도를 유지할 수 있습니다.

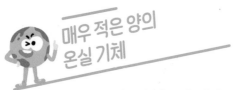

매우 적은 양의 온실 기체

　　질소와 산소가 전체 공기 중에서 대부분을 차지하지만, 이것들은 온실 기체가 아니라고 앞에서 이야기했습니다. 지구 대기에서 온실 기체는 대개 이산화탄소, 오존, 메탄, 수증기를 말합니다. 지구의 온도가 15도로 유지되는 이유는 온실 역할을 하는 온실 기체가 있기 때문이지요.

　　온실 기체는 공기 중에서 매우 적은 양이지만 온실 역할을 톡톡히 하고 있어 생명체가 지구에서 살기에 적합한 조건을 만들어 주고 있습니다. 만일 공기 중에 온실 기체가 사라진다

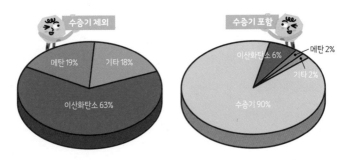

[2-2] 여러 온실 기체가 지구 온난화에 대한 기여하는 정도
(출처: 온실가스 데이터: CDIAC 2016, 수증기 영향: Robinson 2012)

그대로 멈춰라, 지구 온난화

날로 커지는 온실 효과

면 어떻게 될까요? 온실 효과는 즉시 사라지고 지구의 온도는 오랜 시간이 걸리지 않아서 영하 18도까지 떨어질 것입니다.

그럼 온실 기체 중에서 온실 효과에 가장 큰 역할을 하는 기체는 무엇일까요? 수증기입니다. 의외라고 생각하나요? 많은 사람이 이산화탄소가 온실 효과에 가장 큰 영향을 끼칠 거라고 생각하지만, 실제로는 수증기의 역할이 가장 크지요.

수증기는 주로 지구 표면 가까운 대기층 부근에 많은데, 그 양은 시간과 지역에 따라 크게 달라집니다. 구름이 잔뜩 끼어서 흐리고 비가 내릴 때는 대기 중에 수증기의 양이 많고, 하늘이 맑고 건조할 때는 수증기의 양이 적겠지요. 또, 고도가 높아질수록 급격하게 양이 줄어들어 땅에서 10킬로미터 높이에 이르면 공기 분자 100만 개 중에서 10개가 안 될 만큼 매우 적습니다.

자연적인 온실 효과를 일으키는 데에는 수증기가 큰 역할을 하지만, 지구 온난화의 원인이 되는 온실 기체로는 이산화탄소가 가장 대표적입니다. 공기 중에 이산화탄소의 양은 2022년 현재 420ppmv 정도입니다. 공기 분자로 봤을 때, 100만 개 중에서 420개가 있다고 생각하면 됩니다. 오존과 메탄은 이보다 훨씬 적고, 이들 세 기체를 모두 합해도 공기 전체의 0.04퍼센트에도 미치지 못합니다.

지구 온난화의 주범은 수증기

온실 효과에 이산화탄소보다 수증기가
더 큰 역할을 하는데도 지구 온난화를 일으키는 주범으로 이
산화탄소를 꼽는 이유는 무엇일까요?

이산화탄소가 산업 발달과 더불어 가장 두드러지게 증가하
고 있기 때문입니다. 수증기는 온실 효과에 가장 중요한 역할
을 하는 온실 기체이기는 하지만 산업의 발달과는 직접적인
관련이 없습니다. 공장이나 자동차에서 매연을 많이 뿜어낸
다고 수증기가 증가하는 건 아니니까요. 또 오존은 지표면 부
근에서 오히려 그 양이 적고, 메탄은 아직은 이산화탄소와 비
교할 수 없을 만큼 양이 적습니다.

물론 온실 기체인 이산화탄소가 증가하니까 온실 효과가
커지는 것은 맞습니다. 그러나 이산화탄소가 궁극적으로 어
떻게 지구 온난화에 영향을 끼치는지를 이해하기 위해서는
수증기에 의한 온실 효과에 대해 먼저 알아야 합니다. 수증기

[2-3] 지구 온난화의 과정 - 온실 기체 중 이산화탄소의 증가는 지구 복사 에너지를 흡수하여 지표면과 대기 하층의 온도를 높이고, 이는 대기 중 수증기량을 늘려 온실 효과를 키운다.

가 많아지지 않고 이산화탄소가 많아지는 것만으로는 지구 온난화가 지금처럼 심각해지지 않거든요.

앞에서 설명했듯이 이산화탄소가 많아져 온실 효과가 커지면 지구의 표면 온도는 높아지고 대기 하층의 기온이 올라갑니다. 지구의 표면 온도가 높아지면 표면으로부터 나오는 지구 복사 에너지가 커지고, 그러면 대기는 더 많은 복사 에너지를 흡수하게 되니까요. 숯불에 나무를 더 넣어서 온도를 높이면 그 주위가 더 따뜻해지는 것과 같은 원리입니다.

이처럼 대기의 온도가 높아지면 공기 중에 수증기가 더 많아집니다. 기온이 높아지면서 공기의 분자 운동이 활발해지고, 그 안으로 수증기가 비집고 들어갈 틈이 커져 수증기가 많아지기 때문이지요. 이에 따라 수증기에 의한 온실 효과도 커집니다.

이러한 피드백 과정을 거치면서 수증기에 의한 온실 효과가 이산화탄소에 의한 온실 효과보다 훨씬 커지게 됩니다. 이때 마치 이산화탄소가 온실 효과를 커지게 하는 방아쇠 역할을 하고 있다고 해서 '트리거(trigger)'라는 용어를 사용하기도 합니다.

지금까지 설명한 과정을 종합하면, 지구 온난화는 공기 중에 많아진 이산화탄소로 인해 대기 온도가 높아지고, 높아진 대기 온도로 인해 수증기가 많아져서 온실 효과가 커지기 때문에 발생한다고 정리할 수 있습니다. 대기 온도 상승 → 수증기 증가 → 온실 효과 증가 → 지표면 온도 상승 → 대기로 방출되는 지구 복사 에너지 증가 → 대기 온도 상승 → 수증기 증가…가 끝없이 이어지는 것입니다. 이 때문에 지구의 기온이 올라가지 않도록 이산화탄소를 줄이기 위한 전 세계적인 노력이 이어지고 있는 것입니다.

CHAPTER 03

기온의
연직 변화

    재미있는 이야기를 하나 해 볼까요? 그리스 신화에 나오는 다이달로스는 아테네에서 뛰어난 기술을 가진 유명한 장인이자 발명가였습니다. 다이달로스는 그리스어로 '기술이 뛰어난 장인'이라는 뜻이지요. 어느 날 크레타섬의 전설적인 왕인 미노스 왕이 다이달로스에게 크레타에 아주 특별한 궁전을 지으라는 명령을 내렸습니다. 다이달로스는 한번 들어가면 영원히 빠져나올 수 없는 미궁을 설계했지요.

    궁전이 완성되자 성격이 괴팍했던 미노스 왕은 궁전의 비밀이 다른 사람들에게 알려질까 봐 걱정했습니다. 그래서 미노스 왕은 궁전을 만든 다이달로스와 그의 아들 이카로스를 감옥에 가두었습니다.

그대로 멈춰라, 지구 온난화

기온의 연직 변화

하지만 최고의 발명가인 다이달로스에게 감옥에서 탈출할 방법을 찾는 것쯤은 그리 어려운 일이 아니었지요. 다이달로스는 미노스 왕이 상상도 하지 못할 방법을 찾았습니다.

다이달로스는 아들과 함께 탈출하기 위해 새의 깃털을 모아 날개 모양의 틀에 잡아맨 뒤 밀초로 이어 붙였습니다. 날개가 완성되자 다이달로스는 아들에게 하늘을 나는 방법을 가르쳤습니다.

감옥에서 탈출하기 전, 다이달로스는 아들 이카로스에게 절대로 태양 가까이에 가지 말고 자기 뒤만 쫓아오라고 당부했습니다. 그러나 이카로스는 하늘을 난다는 사실에 너무 흥분해서 아버지의 말씀을 무시한 채 하늘 높이 올라가 이글이글 불타오르는 태양 가까이로 가고 말았습니다. 그러자 깃털을 이어 붙였던 밀초가 녹아 버렸고, 이카로스는 바다에 빠져 죽고 말았습니다. 다이달로스는 탈출에는 성공했지만, 아들을 잃은 슬픔이 너무나 커서 만든 날개를 신에게 바쳤다고 합니다.

　　그리스 신화에 나오는 다이달로스의 이
야기를 읽은 사람들은 날개를 만들어 감옥을 탈출하는 아이
디어에 감탄했을 것입니다. 이카로스가 아버지의 말씀을 듣
지 않고 태양 가까이로 날다 날개가 망가져서 떨어졌을 때는
안타까운 마음이 들었을 테고요.

　　그런데 대기과학을 공부한 사람들은 이카로스가 하늘 높이
날다 태양열에 밀초가 녹아서 떨어졌다는 이야기를 믿지 않
습니다. 왜냐하면 하늘로 높이 올라갈수록 기온이 낮아진다
는 걸 알기 때문이지요. 오히려 너무 추워서 날개가 얼어 추락
했을 수는 있겠네요. 잘 이해가 안 된다고요?

　　혹시 하늘 높이 올라가면 기온은 낮아지지만 태양과 가까
워지니까 강한 태양열에 의해 밀초가 녹아서 이 때문에 날개
가 망가졌을 거라고 생각하는 친구가 있나요? 만약에 지구가
태양으로부터 얼마나 멀리 떨어져 있는지를 알고 있다면 이
런 생각은 하지 않았을 겁니다. 둘 간의 거리는 무려 1억 5000
만 킬로미터나 되거든요. 우리가 해외에 나갈 때 이용하는 비

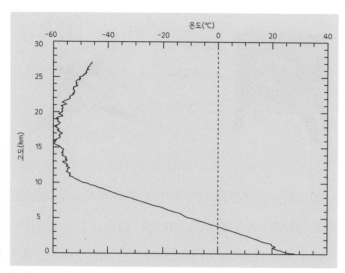

[3-1] 고도에 따른 기온 분포 그래프
고층 기상 관측 장비(오른쪽)로부터 측정한 고도 30킬로미터까지 기온 분포(왼쪽).
1킬로미터 올라갈 때마다 기온은 대개 6.5도(℃)씩 낮아진다.

행기를 타고 간다면 20년*을 넘게 날아가야 할 만큼 지구와

태양은 멀리 떨어져 있습니다.

 그렇다면 하늘의 높이는 얼마나 될까 궁금하지 않나요? 공

기가 조금이라도 있는 높이까지를 하늘로 본다면 500~1000

---

* 비행기 속도가 시속 800킬로미터라면, 하루에 가는 거리는 1만 9200킬로미터. 이런
비율로 환산하면 1년이면 700만 킬로미터, 20년이면 1억 4000만 킬로미터를 이동한다.

킬로미터는 될 거예요. 그러나 국제 우주 정거장이 320~380 킬로미터 고도에서 지구를 돌고 있는 것을 고려하면 하늘의 높이를 200~300킬로미터 정도로 여기는 게 적절하다고 생각합니다. 비행기로 간다면 몇십 분 안에 갈 수 있을 만큼 짧은 거리지요. 반지름이 6400킬로미터인 지구를 사과라고 가정하면, 대기 두께가 300킬로미터 정도이니까 하늘의 높이는 사과 껍질보다 더 얇습니다. 정리하자면, 지구에서 태양까지의 거리와 비교했을 때 무시해도 좋을 만큼 하늘의 높이는 낮으므로, 아무리 하늘 높이 난다 해도 깃털을 붙였던 밀초가 녹을 일은 없다는 말이지요.

1000미터 이상의 높은 산에서는 온도가 평지보다 6~7도 정도 낮습니다. 그래서 무더운 여름이라도 높은 산꼭대기에서는 추위를 느끼기 때문에 등산할 때 여분의 점퍼를 꼭 가지고

가야 합니다. 그래프에서 보듯이 15킬로미터 고도까지는 대기 온도가 꾸준히 낮아지거든요. 그럼 왜 높은 하늘에서는 대기 온도가 낮아질까요? 공기가 가벼워져서일까요, 아니면 하늘로 올라갈수록 바람이 세게 불기 때문일까요?

답은 의외로 간단합니다. 추운 날 난로 옆에 가까이 있으면 덥고, 난로에서 떨어져 있으면 춥지요? 바로 그것과 같은 원리입니다. 지구에서 난로 역할을 하는 것이 지구 표면인데, 하늘로 올라갈수록 난로인 지구 표면으로부터 멀리 떨어지니까 기온이 낮아지는 것입니다.

지구 표면이 지구의 난로라고 하니 신기한가요? 지구 표면은 태양으로부터 가장 멀리 떨어져 있는데 어떻게 난로가 될 수 있을까요? 얼핏 생각하면 이해하기 어려울 수도 있지만, 사실입니다.

예를 들어 볼까요? 아무리 추운 겨울이라도 찬바람이 불지 않고 해가 잘 드는 곳에 앉으면 따뜻하지요? 해가 잘 들면 태양 에너지를 많이 흡수할 수 있으므로 봄에도 햇빛이 잘 들지 않는 곳에 비해 꽃도 빨리 피웁니다. 지구 표면이 지구의 난로라고 하는 것은 이런 이유 때문입니다.

지구 표면에서는 지구에 들어오는 태양 복사 에너지의 절반가량을 흡수하는데, 특히 바다나 호수에서 많이 흡수됩니다. 물론 육지(땅)에서도 흡수되는데 식물이 풍부할수록 흡수되는 양이 많습니다. 사막이나 눈이 쌓인 곳에서는 상대적으로 태양 에너지가 적게 흡수되고요.

반면에 지구를 둘러싼 대기에서 흡수되는 태양 복사 에너지의 양은 지구로 들어오는 전체 양의 20퍼센트에 불과합니다. 그러니까 지구 표면에서 흡수되는 태양 에너지의 양이 전체 대기층에서 흡수되는 양의 2.5배가 되는 셈이지요.

높이에 따라 달라지는 기온

우리는 지구를 둘러싸고 있는 공기, 흔

히 '대기'라고 부르는 공기층 맨 아래에 놓인 지표면에서 살고 있습니다. 대기가 있어서 인간을 포함한 모든 생명체가 살아갈 수 있습니다. 대기 중에는 질소와 산소 등 여러 종류의 공기 분자가 있어서 숨을 쉴 수가 있고, 대기는 태양으로부터 들어오는 자외선과 같이 생명체에 치명적인 빛으로부터 보호해 주기도 합니다. 게다가 우리가 살아가는 지구를 적당히 따뜻하게 해 주는 담요 역할도 하고요.

지구를 둘러싼 대기는 온도가 어떻게 변하는지에 따라 그래프에서 보듯이 대류권(troposphere), 성층권(stratosphere), 중간권(mesosphere), 열권(thermosphere)으로 나누어집니다. 지구 온난화의 직접적인 영향으로 기온이 변하고 있는 대류권과 성층권에 관해서는 나중에 자세히 살펴보겠습니다.

중간권은 50~80킬로미터까지의 고도 층인데, 기온은 높이 올라갈수록 낮아집니다. 중간권의 윗부분에서는 영하 100도까지 내려가지요. 이 층에는 공기가 거의 없지만, 전혀 없지는 않아서 하루에도 수백만 개의 유성이 이들 공기와 부딪치면서 마찰이 생겨서 타오릅니다. 이렇게 발생하는 열로 인해서 지구로 들어오는 물체 대부분이 지표면에 닿기 전에 완전히 타 버리고 맙니다.

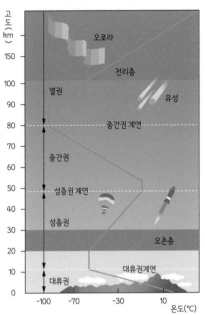

[3-2] 지구의 연직 기온 분포
지표면 가까운 대기층인 대류권에서는 고도가 높아질수록 기온이 감소, 성층권에서 기온이 증가, 중간권에서는 다시 기온이 감소, 가장 위층인 열권에서는 기온이 증가한다. 대류권의 두께는 열대 지역에서 16~18킬로미터, 중위도 지역에서는 10~12킬로미터, 극 지역에서는 6~8킬로미터 정도이다.

열권은 중간권 위부터 시작해서 우주 공간에 닿는 부분까지입니다. 열권의 꼭대기가 얼마나 높으냐를 정하기가 힘든 이유는 공기가 거의 없기 때문입니다. 대개 500~1000킬로미터로 생각합니다. 이 층에서는 위로 올라갈수록 기온이 높아지는데, 아주 적은 양의 산소와 질소가 태양 에너지를 흡수하기 때문입니다. 기온은 태양이 활발할 때는 2000도까지 높아진다고 합니다. 고위도 지역에서 볼 수 있는 오로라*가 이 층에서 만들어집니다.

대류권은 위도에 따라 크게 다르지만, 중위도에서는 10~12킬로미터 높이까지 분포하는 지표면에서 가장 가까운 대기층을 말합니다. 높이 올라갈수록, 즉 지구 표면과 멀리 떨어질수록 기온이 낮아지는 특징을 보입니다. 대류권에는 전체 공기의 90퍼센트 정도가 몰려 있고, 거의 모든 기상 현상이 여기서 발생하지요. 아주 강한 비구름이나 태풍이 있을 때 구름이 가장 높이 올라갈 수 있는 곳이 대류권계면(tropopause)이라고 불리는 대류권 꼭대기라고 생각하면 됩니다. 장거리를 운행하는 비행기는 대류권계면보다 높은 성층권 하층부를 날기 때문에 비행기가 날고 있는 곳에서는 비가 내리거나 눈이 내리지 않습니다. 당연히 구름도 없고요.

대류권 위에는 성층권이라고 불리는 층이 지구를 둘러싸고 있습니다. 고도로 보면 대류권 계면부터 50킬로미터 사이에 있습니다. 성층권에는 대류권과 비교해서 공기가 매우 적은

---

* 태양에서 방출되는 플라스마 입자(전자 또는 양성자)가 열권에 형성된 자기장과 만나서 만들어지는 광전 현상이다.

데, 전체 공기의 10퍼센트 정도가 이곳에 분포하고 있습니다. 그런데 기온은 대류권과 정반대여서 위로 올라갈수록 온도가 높아집니다. 왜 기온이 높아지냐고요? 바로 성층권에 있는 오존 때문이지요.

성층권 오존의 가장 큰 역할 중 하나는 태양 복사 에너지를 흡수해서 대기의 온도를 높이는 것입니다. '복사'는 열을 전달하는 세 가지 방법* 중의 하나인데, 열을 전달해 주는 물질이 없어도 빛을 통해서 열이 전달되고 있습니다. 잘 알려져 있듯이 태양과 지구 사이의 우주 공간은 텅 비어 있어서 열을 전달해 줄 만한 물질이 없잖아요? 이처럼 복사 과정을 이용한다고 해서 지구로 들어오는 태양 에너지를 '태양 복사 에너지'라고 합니다.

성층권에는 오존이 풍부해서 태양 복사 에너지**의 여러 파장대 중에서 생명체에 치명적인 영향을 주는 자외선을 거의 다 흡수합니다. 오존은 20~30킬로미터 높이에 밀집해 있는데, 이곳을 오존층이라고 부릅니다. 오존층은 지구에 사는 생명체를 지켜 주는 '생명 보호막'의 역할을 하지요. 오존층이 두꺼우면 자외선이 지구 표면까지 도달할 수가 없겠지요. 그런데 오존층이 얇아지면 어떻게 될까요? 성층권에서 자외선

그대로 멈춰라, 지구 온난화
기온의 연직 변화

을 전부 다 흡수하지 못할 거예요. 자외선은 아주 적은 양이라도 지표면에 도달하면 사람뿐 아니라 모든 생명체에 치명적인 해를 끼칩니다. 오존은 수돗물 살균제로도 사용될 만큼 강력한 산화제이기 때문입니다. 특히 사람의 눈, 코, 호흡기 세포를 자극해서 심하면 사망까지 이르게 하는 여러 병을 일으킨다고 합니다. 마찬가지로 식물이나 여러 동물에게도 나쁜 영향을 끼칩니다.

성층권에서 오존이 만들어지는 과정을 이해하기는 쉽지 않은데, 간략하게 정리하면 햇빛을 받아서 산소 원자와 분자, 그리고 오존 분자가 만들어지고 나눠지는 과정이 반복되면서 이들의 평형 상태가 유지됩니다. •••

• 열을 전달하는 방법으로 복사(radiation), 대류(convection), 전도(conduction)가 있다. 대류는 액체나 기체에서 밀도 차에 의해 물질이 이동해서 열을 전달한다. 전도는 주로 고체에서 물질이 직접 이동하지 않고 물체의 이웃한 분자들이 연속적으로 충돌해서 열을 전달한다.

•• 태양 복사 에너지는 파장에 따라 자외선(<0.38μm), 가시광선(0.38~0.78μm), 근적외선(0.78~2.5μm) 영역으로 나뉜다. 여기에서 μm(마이크로미터)는 10^{-6}m이다.

••• 산소 분자는 산소 원자 2개, 오존 분자는 산소 원자 3개로 이루어져 있다. 성층권에서 흡수되는 태양의 강한 에너지는 산소 분자를 산소 원자로 분리시키고, 분리된 산소 원자는 산소 분자와 결합하여 오존 분자를 만든다. 반대로 오존 분자는 산소 분자와 산소 원자로 나눠지기도 하고, 다른 산소 원자와 결합하여 2개의 산소 분자를 만들기도 한다. 분자식으로 표현하면, O_2(산소 분자) + 자외선 → $2O$(2개의 산소 원자), $O + O_2 \leftrightarrow O_3$(오존)이다.

지구가 처음 생겨났을 때는 산소가 없었기 때문에 당연히 오존층도 없었을 거예요. 지구 탄생 후, 20억 년이라는 긴 시간이 지나서 바다에 있는 작은 녹색 식물이 진화하면서 조금씩 산소를 만들어 냈고, 산소량이 증가하면서 충분히 많아졌을 때 이들이 성층권으로 올라가 오늘날의 오존층이 만들어졌어요. 생명체는 오존층이 만들어진 뒤에야 물에서 나와서 자외선이 더는 쬐지 않는 육지에서 생활할 수 있게 되었습니다. 따라서 오존층은 지구 생명체가 마음 놓고 살 수 있는 환경을 만들어 주는 고마운 존재입니다.

오존은 성층권에만 있는 게 아니라 우리 주변에서도 흔히 볼 수 있습니다. 그런데 이때의 오존은 성층권에서 기온을 높이고 자외선을 흡수하는 역할과는 전혀 다르게 영향을 끼치지요. 여러분 집의 부엌이나 식당 주방에서 볼 수 있는 식기 살균기는 오존을 발생시켜서 해로운 세균을 없애 줍니다. 오존은 탈취와 표백, 그리고 농산물 표면의 살균에도 사용되고 있습니다.

이처럼 우리가 편하게 생활하기 위해 만들어서 사용하는 오존은 이롭지만, 어쩔 수 없이 자연적으로 만들어지는 오존은 해롭습니다. 여름철에 해가 강할 때 오존이 저절로 만들어지기도 하거든요. 자동차나 공장 등에서 배출되는 오염 물질 (특히 NOx로 표시되는 질소산화물)이 강한 햇빛과 화학반응을 일으켜서 오존이 발생되는 것입니다. 이렇게 만들어진 오존은 생명체에게 치명적인 해를 끼치기 때문에, 기상청에서는 오존이 많아질 것으로 예상되면 외부 활동을 자제하라는 오존 주의보●를 내리기도 합니다.

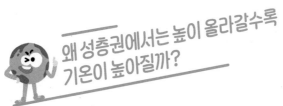

왜 성층권에서는 높이 올라갈수록 기온이 높아질까?

성층권에서 기온이 가장 높은 고도는 50 킬로미터 정도입니다. 오존층은 이보다 훨씬 아래쪽인 20~30 킬로미터 사이에 위치하지요. 이 둘의 관계에서 이상한 점을 발견하지 못했나요?

앞서 성층권에서 고도에 따라 기온이 높아지는 이유가 오존이 자외선을 흡수해서라고 설명했는데요, 그렇다면 오존에

● 오존을 주의하라는 예보 등급은 '좋음', '보통', '나쁨', '매우 나쁨'으로 나누어진다. 예보 등급이 '좋음'일 때는 괜찮지만, '나쁨' 혹은 '매우 나쁨'일 때에는 가능하면 실외 활동을 피해야 한다.

의한 태양 에너지의 흡수가 가장 많은 20~30킬로미터 고도에서 가장 높은 기온이 나타나야 하지 않을까요? 그런데 기온은 이보다 훨씬 높은 고도에서 나타나고 있습니다. 왜 그럴까요? 그 이유를 알아보겠습니다.

답을 이야기하기에 앞서 돌발 퀴즈를 내볼까요?

Q. 어떤 사람이 그림에서 보듯이 호스로 나무를 향해서 물을 뿌리는데, 나무가 1열에 한 그루, 2열에 두 그루, … 이런 식으로 10열에 열 그루가 있다고 가정합니다. 1~10열 중에서 물을 가장 많이 맞은 나무는 어느 열에 있을까요?

한 그루지만 맨 앞에 있는 1열일까요, 아니면 나무가 가장 많이 모여 있는 10열일까요? 대부분 사람이 1열이라도 답할

것입니다. 2열이든 10열이든 어느 열에 놓인 나무까지 도달하려면 1열의 나무를 반드시 거쳐야 하기 때문이지요.

성층권에서 오존이 자외선을 흡수하는 양도 이와 같은 방식으로 생각하면 됩니다. 오존은 성층권 상부인 50킬로미터 고도부터 나타나기 시작해서 50킬로미터보다 더 높은 고도에서는 존재하지 않습니다. 오존은 50킬로미터 아래에서는 계속해서 많아져서 20~30킬로미터 고도에 위치한 오존층에서 가장 많습니다([3-2] 그림 참고). 그러니까 50킬로미터부터 오존층까지 오존의 분포를 보면 돌발 퀴즈에서 나무가 배치된 상황과 같습니다. 즉, 호스에서 나오는 물이 태양 에너지이고 1열부터 10열까지 증가하고 있는 나무가 오존에 해당하지요. 이제 50킬로미터 높이에서 오존량은 적지만 태양 에너지를 가장 많이 흡수하는 이유를 알겠지요? 퀴즈에서 1열의 나무

가 물을 가장 많이 맞는 것과 같은 원리입니다. 10열에는 나무가 많지만 물을 많이 못 맞듯이, 오존층에는 오존이 많지만 50킬로미터 고도와 비교할 때 자외선의 흡수는 매우 적습니다.

기온은 대류권에서 상승, 성층권에서 하강

지구 온난화는 온실 효과가 커져서 지구의 땅이나 바닷물 온도가 올라가는 것을 말합니다. 그렇다면 온실 기체는 공기 중에 섞여 있는 기체니까 당연히 모든 대기층에서도 온실 효과가 커져 기온이 높아질 거라고 생각할 수도 있겠네요. 그런데 정말 그럴까요?

지구 온난화가 진행되면서 지구를 둘러싼 대기 온도가 어떻게 변하는지 아마도 궁금할 거예요. 만약 대기의 온도가 올라간다면 왜 기온이 올라가는지, 기온이 변하지 않거나 오히려 낮아지고 있다면 그 이유는 무엇인지 지금부터 하나씩 과학적으로 살펴보도록 하겠습니다.

위 그래프는 최근 30년 평균(1981~2010년)에서 과거 30년 평균(1901~1930년)을 빼서 계산한 연직 기온의 차이를 나타냅니

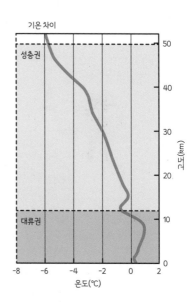

기온 차이

성층권

대류권

고도(km)

온도(℃)

[3-3] 기온 변화 그래프
최근 30년 평균(1981~2010년)에서 과거 30년 평균(1901~1930년)을 빼서 계산한 연직 기온 변화. 관측 자료와 기후모델 결과를 혼합해서 계산했으며, 지구 평균값이다.

다. 즉, 고도에 따른 기온의 변화를 표시한 것인데요, 이 정도 기간이라면 충분히 지구 온난화의 영향을 파악할 수가 있습니다.

그래프를 살펴보면 지구 표면에서는 온도 증가가 크지 않지만, 대류권 상층부에서는 1도 정도 기온이 높아졌다는 걸 알 수 있지요. 그런데 성층권에서는 오히려 기온이 낮아지고 있습니다. 상층으로 갈수록 변화가 커져서 50킬로미터 고도에서는 무려 6도나 낮아졌습니다. 어떤 사람에게는 전혀 예상

[3-4] 대류권과 성층권의 기온 변화

하지 못한 결과일 것입니다. 왜 이런 현상이 나타날까요? 왜 지표면과 대류권에서는 기온이 높아지고, 성층권에서는 기온이 낮아질까요?

대류권에서 기온이 올라가는 이유는 지구 표면에서 우주로 내보내는 지구 복사 에너지의 대부분이 높이 올라가지 못하고 대류권에서 흡수되기 때문입니다. 지구 표면 온도가 높아

그대로 멈춰라, 지구 온난화

기온의 연직 변화

지면 우주 밖으로 방출하는 지구 복사 에너지도 많아지는데, 이렇게 되면 대류권에서는 더 많은 지구 복사 에너지를 흡수하게 되어 기온이 높아지는 것입니다. 잘 알려진 지구 온난화 이론대로, 수증기와 이산화탄소가 온실 효과를 일으켜 지구 복사 에너지의 대부분을 흡수하는 것이죠.

그렇다면 성층권에서 기온이 낮아지는 이유는 뭘까요? 지구 표면에서 내보내는 지구 복사 에너지가 성층권까지는 도달하지 못해서일까요? 그럴 수도 있지만, 이 효과는 예상보다 훨씬 적습니다. 지구 표면에서 나가는 지구 복사 에너지는 대부분 지구 표면 부근과 대류권에서 흡수됩니다. 그러므로 지구 온난화로 지구 표면 온도가 높아져도 성층권까지 도달하는 지구 복사 에너지양은 거의 변하지 않습니다. 그런데 이산화탄소가 많아진 성층권에서는 지구 복사 에너지를 더 많이 내보내야 합니다. 결국 성층권에서는 지구 표면과 대류권으로부터 흡수하는 지구 복사 에너지는 변하지 않고, 대류권과 우주 공간으로 내보내야 하는 지구 복사 에너지는 많아져서 오히려 온도가 낮아지는 것입니다.

성층권에 이산화탄소가 많아져서 기온이 낮아지는 현상을 이해하기가 어렵지요? 많은 사람이 어려워하는 내용입니다.

지금부터 그 이유를 설명합니다.

온실 기체는 지구의 온도를 낮추는 기체

　　　　온실 기체가 온실 효과를 일으키기 때문에 많은 사람이 지구 온도를 높이는 역할을 한다고 믿고 있습니다. 맞아요, 과학적으로도 옳은 이야기입니다.

　그럼, 지구 온도를 낮춰 주는 기체는 어디에 있나요? 오존층의 오존이 낮추나요, 아니면 비를 세차게 뿌리는 구름이 낮추나요, 아니면 지구의 난로 역할을 하는 지표면에서 낮추나요? 정도의 차이는 있지만, 예를 든 모든 것이 지구의 온도를 낮추고 있습니다. 상대적으로 오존보다는 구름과 지표면의 역할이 크지요. 그런데 지구의 온도를 낮추고 있는 가장 중요한 것이 바로 온실 기체입니다. 이해하기 어렵다면 지구에서 흡수하는 태양 복사 에너지와 지구가 방출하는 지구 복사 에너지를 떠올려 보세요.

　지구는 태양이 방출하는 태양 복사 에너지를 받은 만큼 적외선에 해당하는 파장*으로 우주로 방출하는데, 이를 지구 복사 에너지라고 합니다. 지구는 태양 복사 에너지의 30퍼센트를 반사하고 있습니다. 흔히 '지구 알베도(albedo, 반사도)가 30퍼센트'라고 하는 이야기가 여기에서 나온 것입니다. 반사되는 양을 제외하고 나면 지구 대기 꼭대기에 들어오는 태양 에너지의 70퍼센트가 지구에 흡수됩니다. 70퍼센트 중에서 20퍼센트는 대기에서 흡수되고 남은 50퍼센트가 지표면에서 흡수됩니다. 대기에서 흡수되고 있는 20퍼센트 중에서 성층권의 오존에 의해서 3퍼센트가 흡수되고 남은 17퍼센트가 대류권에서 흡수됩니다. 대류권에서 태양 에너지를 흡수하는 기체는 주요한 온실 기체인 수증기이며, 구름도 3퍼센트 정도 흡수합니다.

이처럼 지구가 태양 복사 에너지를 흡수만 하고 방출하지 않는다면 지금까지 46억 년 동안 엄청난 에너지를 흡수했으니 지구 온도가 태양보다 몇 배는 더 높아졌을 거예요. 아마도 에너지가 쌓여서 불타는 행성이 되었겠지요. 그런데 다행히 지구에는 지구 복사 에너지가 지구 온도를 낮춰 주고 있습니

• 지구 온도가 낮아서 방출되는 복사 에너지는 2.5~40마이크로미터 파장대에 해당하는 적외선이다.

다. 그림에서 보듯이 태양으로부터 받은 만큼의 에너지를 우주 공간으로 방출하고 있어요. 에너지양으로 따져 보면 1평방미터당 240와트를 방출해야 합니다. 앞서 스테판-볼츠만식으로 이만큼의 복사 에너지를 방출하려면 지구 온도가 영하 18도가 되어야 한다고 설명했습니다.

지구에서 복사 에너지를 방출하는 데 가장 효과적인 것은 지표면과 구름입니다. 자기가 방출할 수 있는 에너지를 전부 다 방출하기 때문이지요. 그럼 맑거나 구름이 흩어져 있는 하늘에서는 무엇이 지구 복사 에너지를 방출할까요?

[3-5] 지구의 에너지 평형

지구가 흡수하는 태양 복사 에너지의 양(70%) =
지구가 방출하는 지구 복사 에너지의 양(70%)

태양 복사(100%)

구름과 지표면에서 반사(30%)

지구 복사(70%)

우주 공간

대기에 흡수(17%)

구름에 흡수(3%)

대기

지표면 흡수(50%)

지표면

네, 바로 온실 기체가 이 역할을 하고 있습니다. 그래서 온실 기체가 기본적으로는 지구를 냉각시키는 역할을 담당하고 있다고 말한 것입니다. 온실 기체가 복사 에너지를 방출할 때 우주 공간뿐 아니라 지표면으로도 향합니다. 지표면으로 향하는 복사 에너지가 지표면을 가열시키는 것입니다. 결국 지표면은 태양 에너지뿐 아니라 온실 기체가 방출하는 지구 복사 에너지도 동시에 흡수합니다.

지구 에너지 평형을 설명하려면 태양과 지구 복사 에너지뿐 아니라 잠열**과 현열***이라고 하는 지표면의 여러 복잡한 물리 과정(physical process)도 포함해야 합니다. 그러나 이 내용은 다소 어려운 내용이라 이 책에서는 생략합니다.

• 지구 대기 꼭대기에 들어오는 100퍼센트에 해당하는 태양 복사 에너지는 342(=1367/4) W/m2이다. 구름과 지표면에서 30퍼센트가 반사, 대기에서 20퍼센트가 흡수, 지표면에서 50퍼센트가 흡수된다. 이에 대응해서 지구 대기 꼭대기에서 우주 공간으로 70퍼센트(240(=342×0.7)W/m²)에 해당하는 지구 복사 에너지가 방출된다.
•• 잠열(latent heat)을 증발열(evaporation)이라고도 한다. 지표면의 물(바다, 강이나 호수, 식물, 토양에 포함된 물 등)이 증발하면서 지표면의 에너지를 빼앗는 과정이다.
••• 현열(sensible heat)은 지표면과 대기의 온도 차이에 의해서 발생하는 열이다. 지표면 온도가 대기보다 높으면 열이 대기로 전달된다. 반대로 대기 기온이 더 높으면 지표면으로 열이 전달된다.

CHAPTER 04

기상 현상의 변화

1960년대까지만 해도 서울의 한강이 자주 얼었습니다. 눈도 많이 내려 허리까지 쌓이기도 했고요. 그때 사람들은 얼음이 두껍게 덮인 한강을 걸어서 건너거나 썰매도 탔을 거예요. 하지만 요즘 서울에는 가끔 큰 눈이 내리기는 하지만 금세 녹아 버리고, 아무리 추워도 한강이 어는 일이 거의 없습니다. 언다고 해도 살얼음이 생기는 정도지요. 눈 내리는 횟수도 확연하게 줄었고요.

지구 온난화 때문에 그런 걸까요? 아니면 다른 이유가 있을까요?

• 한강이 얼지 않는 건 오염되거나 폐수가 흘러들어서 어는 점이 낮아진 이유도 있다.

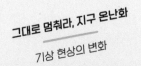

그대로 멈춰라, 지구 온난화
기상 현상의 변화

물론 지구 온난화가 가장 주요한 원인일 거로 예상합니다. 그동안 지구 온난화 때문에 온도가 높아져 기후가 변했으니까요.

그런데 또 한편으로는 지구 곳곳에서 이상 한파 경보가 발령되기도 합니다. 최근 뉴스에 따르면, 이란에 이례적으로 폭설이 내렸고, 겨울에도 기온이 영하로 잘 떨어지지 않는 미국 텍사스 주에 영하 20도를 밑도는 한파가 찾아왔으며, 시베리아는 가장 추운 지역의 온도가 영하 73도까지 떨어지면서 사상 최저 기온을 기록하기도 했습니다.

이것도 지구 온난화 때문에 일어난 일일까요? 아니면 다른 이유가 있을까요?

현재 세계 곳곳에서 나타나고 있는 기상 이변 현상을 두고 대기과학자들마다 다양한 의견들을 말하고 있지만, 대다수의 학자들은 '기후 변화'에 '지구 온난화'의 영향을 무시할 수 없다고 이야기합니다.

기후 변화를 말 그대로 풀어쓰면 '기후가 변하는 것'입니다. 기상과 기후의 명확한 차이를 아는 것이 매우 중요해서 앞서 자세히 설명했습니다. 기후는 '오랜 기간에 걸쳐 나타난 날씨의 평균 상태'라고 말이지요.

우리나라 기후를 나타내는 대표적인 예로 봄, 여름, 가을, 겨울이 뚜렷한 사계절을 꼽을 수 있습니다. 전 세계적으로도 우리나라만큼 사계절이 뚜렷한 나라를 찾기 어려워요. 중위도에 위치하고, 특히 가장 큰 대륙인 아시아와 가장 큰 해양인 태평양 사이에 놓여 있는 지리적인 원인이 큽니다.

계절은 지구의 자전축이 23.5도만큼 기울어진 상태로 태양 주위를 돌고 있어서 생기는 것입니다. 만일 지구가 똑바로 서 있다면 우리나라에는 여름과 겨울이 없고, 봄이나 가을 같은 날씨가 1년 내내 계속될 거예요. 지구 자전축이 기울어져 있어서 북반구에 있는 우리나라는 여름에는 태양이 내리쬐는 무더위, 태양이 남반구를 비추는 겨울에는 강추위가 찾아옵니다. 반면에 북극에서는 여름에는 종일 해가 지지 않는 '백야'

가 나타나고, 겨울에는 이와 반대로 밤이 계속됩니다.

이처럼 매년 반복해서 규칙적으로 계절이 바뀌는 것은 기후 변화라고 하지 않습니다. 이것은 계절 변화라고 하는데요, 지구의 공전에 의해서 태양의 고도와 일출, 일몰 시각이 변하기 때문에 발생합니다.

혹시 하루살이*라는 곤충을 아나요? 하루만 산다고 해서 붙여진 이름인데, 실제로는 오래 살면 2주일까지 산다고 합니다. 있을 수 없는 가정이지만, 봄에 산 하루살이와 여름에 산 하루살이가 만나서 생전에 경험했던 날씨 이야기를 한다고 생각해 보세요. 아마도 둘 사이엔 대화가 통하지 않을 것입니다. 봄철의 하루살이는 꽃이 피기에 좋다고 이야기할 테고, 여름철의 하루살이는 무덥고 비가 많았다고 이야기할 테니까요. 그 둘의 이야기에 비춰 본다면 지구에 심각한 기후 변화가 발생한 것이지요.

그런데 백 년가량을 사는 사람들은 어떨까요? 하루살이와는 전혀 다른 시각을 갖고 있겠지요. 사계절이 바뀌는 것은 그

---

* 하루살이목에 속하는 곤충이다. 애벌레로 사는 기간이 1년 가까우며, 다 커서는 짧으면 몇 시간, 길면 2주일까지 산다고 한다.

저 해마다 반복하는 것일 따름이니 기후 변화라고 할 수가 없습니다. 사계절이 뚜렷하게 바뀌는 것은 우리나라 기후의 특징일 뿐입니다.

기후가 변해서 예전의 기후로 되돌아가지 않을 때, 이때를 '기후 변화가 발생했다'라고 합니다. 요즘에는 잘 보이지 않는 한강의 얼음을 예로 들었듯이 기후 변화는 지구 온난화와 서로 밀접하게 연결되어 있습니다. 이런 면에서 본다면 지구 온난화가 기후 변화를 일으켰다고 이야기할 수 있습니다.

어떤 사람은 지금까지의 내용을 읽고 만일 사람의 수명이 수만 년이나 수십만 년이 된다면 지금 걱정하고 있는 기후 변화도 '기후 변화가 아니다', '그렇게 크게 걱정할 문제가 아니다'라고 주장할 수도 있을 것입니다. 네, 현재 상황을 이론적으로만 따져 보면 맞는 이야기입니다. 우리가 캐서 쓸 수 있는 석유나 석탄 등 화석 연료를 다 사용하고 나서 수천 년이 지나면 지구의 온도는 다시 예전의 값으로 되돌아갈 것이기 때문이지요. 그런데 문제는 인간이 그렇게 오래 살 수 없다는 겁니다. 모든 사람은 크든 작든 현재 진행되고 있는 급격한 기후 변화의 영향을 받을 수밖에 없습니다. 기후 변화는 머지않은 미래에 인류의 생존과 안전에 위협을 가할 거예요.

그대로 멈춰라, 지구 온난화
기상 현상의 변화

[4-1] 지구 온난화의 영향

지구 온난화는 단순히 지구의 온도가 오르는 것으로 끝나지 않습니다. 지구 온난화가 계속되면 해수면 상승, 이상기후 발생, 생태계 변화로 인한 해안 저지대 침수, 홍수, 가뭄, 폭풍우 등의 예측 불가능한 자연재해가 자주 발생하게 됩니다. 또한 생태계가 파괴되고 어떤 동물과 식물은 기후 변화에 적응하지 못하여 멸종하며, 식량 문제와 산업 전반에서 큰 손해를 입게 되지요. 과거의 경험으로 얻어진 데이터로는 예측할 수 없을 정도로 큰 변화의 모습을 보이기에 무엇보다 두려운 것입니다.

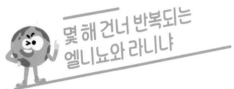

몇 해 건너 반복되는 엘니뇨와 라니냐

많은 사람이 기후 변화라고 착각하는 것 중에 엘니뇨(El Nino)와 라니냐(La Nina)*가 있습니다. 엘니뇨는 겨울철에 적도 근처에 있는 열대 중태평양과 동태평양의 바닷물 온도가 1~4도 높아지는 현상을 말합니다. 페루 연안은 세계 제일의 멸치 어장으로 유명한데, 어떤 해에는 연안과 그 부근의 바닷물 온도가 8~9도나 높아지고 멸치를 잡아들이는

• 1980년대까지만 해도 '반대의 엘니뇨(anti-El Nino)'라고 불렀다. 단순하게 엘니뇨의 반대 현상이라는 의미로 말이다. 그런데 엘니뇨에는 '아기 예수'라는 의미가 담겨 있어서 마치 예수를 반대한다는 말로 오해할 수 있어서 여자아이라는 의미를 가진 라니냐로 부르기 시작했다. 1980년대 말 이후부터 이 용어를 널리 사용하고 있다.

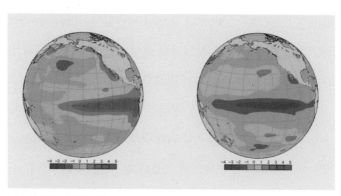

[4-2] 바닷물의 온도 변화
엘니뇨 해인 1997년과 라니냐 해인 1988년에 태평양에서 나타난 바닷물의 온도 변화.

양도 급격히 줄어들게 됩니다. 특히, 크리스마스 시기를 전후로 멸치가 거의 잡히지 않아 먼 옛날 어부들은 하느님께 고기가 잘 잡히게 해 달라는 의미에서 이 현상을 '아기 예수'라고 불렀습니다. 엘니뇨는 스페인어로 '아기 예수' 혹은 '남자아이'라는 뜻이거든요. 이와 반대 현상이 라니냐인데, 이 지역의 바닷물 온도가 낮아지는 현상입니다. 라니냐는 스페인어로 '여자아이'라는 뜻입니다.

엘니뇨와 라니냐는 기본적으로 대기 순환과 해양 순환이 서로 영향을 주고받으면서 생기는 자연 현상입니다. 보통 때에는 동태평양에 찬 바닷물이, 서태평양에 따뜻한 바닷물이 자리 잡고 있지만 그림에서 보듯이 엘니뇨가 일어난 1997년에는 평년보다 열대 중·동태평양 바닷물의 온도가 높아지고, 라니냐가 일어난 1988년에는 반대로 온도가 낮아졌습니다.

열대 중태평양과 열대 동태평양의 면적이 얼마나 넓은지 생각해 본 적이 있나요? 그림에서 보듯이 북미 대륙과 비교될 정도이니 여러분이 생각하는 것보다 훨씬 넓을 것입니다. 이 정도로 넓은 지역의 바닷물을 1~4도 높이려면 엄청난 에너지가 필요할 거예요. 정확하게 계산해 본 적이 없어서 얼마나 되는지는 모르겠지만, 아마도 우리나라 사람 모두가 평생, 아니 자손 대대로 쓸 수 있는 양일 거라고 생각합니다.

바닷물이 따뜻해지면 지구 복사 에너지를 대류권으로 더 많이 내보내고, 해양 표면에서 증발도 잘 일어납니다. 따라서 엘니뇨가 일어나는 해에는 열대 해양에서 대류권으로 전달되는 에너지가 평상시보다 훨씬 많아져야 합니다. 이처럼 열대 지역의 대류권에 에너지가 많아지면 다른 지역(중위도와 고위도 지역)으로 에너지를 더 많이 전달해야 해서 공기의 흐름이 바뀌어야만 합니다. 물론 라니냐 해에는 반대로 대류권으로 전달되는 에너지가 줄어들고, 다른 지역으로 전달하는 에너지양이 줄어들 것입니다. 이때에도 역시 공기의 흐름이 바뀔 거예요.

　이처럼 엘니뇨와 라니냐가 일어난 해에는 보통 때(대개 기후 값으로 표현)와 다른 형태의 대기 순환이 나타나기 때문에 전세계 여러 지역에서 이상기상이 발생하기도 합니다. 그래서 사람들은 엘니뇨 혹은 라니냐가 기후 변화를 불러온다고 착각할 수 있습니다. 하지만 엘니뇨와 라니냐는 수년에 한 번씩 반복되는 자연 현상일 뿐입니다. 게다가 지금까지 없다가 최근에 갑자기 나타난 현상도 아닙니다. 이들이 만들어지는 과정으로부터 추측하건대, 현재의 대륙과 해양의 분포(즉, 아시아와 아메리카 대륙 사이에 태평양이 놓여 있는)가 만들어졌을 때부터 있었던 현상일 것으로 생각합니다. 그러니까 엘니뇨와 라니냐는 기후 변화라고 부르기 어렵습니다.

　하지만 엘니뇨와 라니냐가 발생하는 위치나 세기, 그리고 기간 등의 여러 형태가 과거에 나타났던 모습과 전혀 다르다면 이야기가 달라집니다. 그때에는 형태가 바뀐 엘니뇨와 라니냐가 기후 변화를 불러왔다고 이야기할 수 있습니다.

　사람들은 엘니뇨나 라니냐 해가 되면 우리나라에 이상기후가 나타날 거라고 걱정합니다. 그런데 좀 이해가 안 되는 부분이 있습니다. 어떤 해에는 엘니뇨 때문에 집중 호우가 온다고 했다가, 어떤 해에는 엘니뇨 때문에 가뭄이 든다고 이야기합니다. 라니냐에 대해서도 이와 비슷하고요.

엘니뇨와 라니냐가 전 세계에 이상기상이나 이상기후를 일으키는 것은 틀림없는 사실입니다. 이들처럼 단일 기상 현상으로 넓은 지역의 기후와 날씨를 동시에 바꿀 수 있는 예를 찾아보기가 어렵거든요. 그러나 우리나라에까지 그 영향이 있을까 걱정할 필요는 없다고 생각합니다. 왜냐하면 엘니뇨 해에 우리나라에 홍수가 나거나 가뭄이 든 적도 많고, 예년과 비슷하게 아무런 변화가 없었던 적도 많기 때문이지요. 결론적으로 정리하자면 우리나라와 엘니뇨는 거의 관계가 없다고 할 수 있습니다. 라니냐도 마찬가지고요.

우리나라 기후에 영향을 끼치는 원인을 찾으려면 우리나라에서 가까운 지역의 기상이나 기후를 살펴보는 게 더 정확하지 않을까요? 동태평양이 우리나라로부터 얼마나 멀리 떨어져 있는지 생각해 보세요. 비행기로 가도 15시간이 넘게 걸리는 거리입니다. 우리가 멀다고 생각하는 유럽이나 미국보다 더 멀리 떨어져 있습니다.

실제로 우리나라 기상이나 기후는 여름에는 북태평양 고기압, 겨울에는 시베리아 고기압의 세기나 위치에 영향을 크게

받고 있습니다. 엘니뇨와 라니냐의 영향을 살피기에 앞서서
이 두 고기압의 변화를 더 정밀하게 연구해야 할 것입니다.

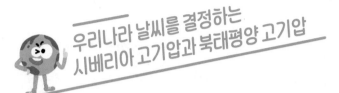

우리나라 날씨를 결정하는
시베리아 고기압과 북태평양 고기압

"오늘 우리 선생님 기분이 저기압이야"라
고 친구들과 이야기한 적이 있지요? 선생님의 기분이 울적하
다고 여길 때 흔히 하는 이야기입니다. 기분이 저기압인 것과
다소 다른 이야기지만, 대기에서 기압이 정확히 어떻게 정의
되는지 알고 있나요? 또, 저기압과 고기압을 어떻게 구분하는
지 아나요? 차근차근 설명할 테니, 잘 공부해 보세요.

기압은 기온과 더불어 대기과학을 공부하는 데 있어서 가
장 기본적인 개념입니다. 기압은 '대기 중에 떠 있는 모든 공
기를 합한 질량에 중력 가속도°를 곱한 값'으로 정의됩니다.
즉, 공기가 지구를 누르고 있는 힘°°이지요. 어느 지역에 공

●지구 중력에 의해서 발생하는 가속도로서 9.8m/s²이다.
●●뉴턴의 운동 제 2법칙, F=ma를 따른다. 공기의 질량을 m, 중력 가속도를 a에 대입하
면 공기의 무게에 의한 힘, 즉 기압이 정의된다.

기의 양이 적어지면 질량이 줄어서 기압이 낮고, 반대로 공기

의 양이 많아지면 질량이 늘어서 기압이 높아지겠지요. 기압

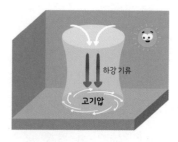 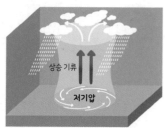

	고기압	저기압
주위보다 상대적으로	기압이 높은 곳	기압이 낮은 곳
바람 방향	시계 방향	반시계 방향
기류	하강 기류	상승 기류
날씨	대체로 맑음	비나 눈이 내리는 경우 많음

공기도 무게가 있다는 사실을 아시나요?
공기가 누르는 압력을 기압이라고 해요.

[4-3] 고기압과 저기압의 특징

그대로 멈춰라, 지구 온난화
기상 현상의 변화

의 단위는 헥토파스칼*로 표현하며, 전 지구의 평균 해면기압
**은 1013hPa(헥토파스칼)입니다.

　고기압은 기압이 높은 상태, 즉 공기가 누르는 힘이 강한 상
태입니다. 특정한 이유로 주변에 비해 상대적으로 공기 밀도
가 높은 지역에서 고기압이 나타납니다. 짓누르는 힘이 강하
기 때문에 공기를 아래로 누르고, 그 과정에서 그림처럼 하강
기류가 발생합니다. 원래 있던 공기는 자리를 뺏기고 시계 방
향으로 발산합니다.

　저기압은 반대겠죠? 주변보다 기압이 낮은 상태입니다. 공
기 밀도가 낮은 지역에서 저기압이 나타나는데, 누르는 힘이
낮으니 공기는 위로 붕 뜨겠죠? 이 과정에서 상승 기류가 발
생합니다. 그리고 공기가 올라가서 아래쪽 빈 공간에는 주변
공기가 반시계 방향으로 중심을 향해 불어 들어옵니다.

　그런데 물이 높은 곳에서 낮은 곳으로 흐르듯이 공기도 많
은 곳에서 적은 곳으로 움직이고 있습니다. 물을 낮은 곳에서

---

* 헥토(h, hecto)는 그리스어로 100을 뜻하며, 파스칼(Pa, Pascal)은 기압을 처음으로 정
의한 프랑스의 수학자 파스칼의 이름에서 따왔다. 헥토파스칼을 밀리바(mb)로 나타내
기도 한다. 1hPa은 100Pa에 해당하며, 이는 $1m^2$의 넓이에 100N(뉴턴, $kg×m/s^2$)의 힘이
작용할 때의 압력을 가리킨다.
** 해면기압이란 평균 해수면에서의 대기압을 말한다.

높은 곳으로 흐르게 하려면 강제로 힘을 가해야 하잖아요? 마찬가지로 대기에서는 공기가 고기압 지역에서 저기압 지역을 향해서 움직입니다. 또한 고기압과 저기압의 기압 차이가 클수록 공기의 움직임도 빨라집니다. 만일 모든 지역에서 기압이 같아져서 고기압과 저기압을 구분할 수 없다면 공기는 정지해 있을 거예요.

그러나 지구 모든 지역에서 기압이 같을 수는 없습니다. 왜냐하면 온도가 다 같지 않기 때문이지요. 어느 지역은 더 뜨겁고 다른 어느 지역은 차갑잖아요? 기압과 기온은 밀접하게 연관되어 있어서 지역에 따라 기온이 다르면 기압도 달라집니다. 왜 그런지 알아볼까요?

공기의 온도가 높아지면 밀도[•]가 낮아집니다. 온도가 높아지면서 공기 분자 내부의 움직임이 빨라져서 공기가 부풀어 오르거든요. 즉, 질량은 같지만 부피가 커지니 밀도가 감소하겠지요. 그럼 밀도가 서로 다른 공기가 만나면 어떻게 될까요? 그렇습니다. 당연히 밀도가 낮은(온도가 높은, 저기압) 공기

• 밀도는 질량을 단위 부피로 나눈 값이다. 질량이 같을 때, 온도가 높아서 부피가 커지면 밀도가 낮아진다. 반대로 온도가 낮으면 부피가 줄어서 밀도가 높아진다.

그대로 멈춰라, 지구 온난화

가 위로 올라갈 거예요. 밀도가 높은(온도가 낮은, 고기압) 공기는 아래로 파고들고요.

예를 들어 온도가 높은 지역에서 공기가 1킬로미터 위로 올라갔다고 가정해 보겠습니다. 그럼 그 높이에서는 공기의 양이 주변보다 많아지겠지요? 그래요, 지표면에서 봤을 때는 기압이 안 변했지만, 1킬로미터 높이에서는 기압이 높아졌습니다. 이처럼 고기압이 된 1킬로미터 높이에서는 공기가 주변으로 빠져나갈 거예요. 공기는 고기압에서 저기압으로 이동해야 하니까요. 이제 온도가 높아진 지역의 1킬로미터 고도에서 공기가 빠져나가니까 지표면에서는 기압이 낮아져야 합니다.

이를 종합하면, 온도가 높아진 지역에서는 기압이 낮아집니다. 저기압이 만들어지는 것입니다. 반대로, 주변 지역에서는 어떤 변화가 있을까요? 1킬로미터 높이에서 공기가 모여드니까 지표면에서는 기압이 높아지겠지요? 주변 지역에서는 고기압이 만들어지는 것입니다. 주변 지역에서는 온도가 변하지도 않았는데, 온도가 높아진 지역의 주변에 있다는 이유만으로 고기압 지역이 되었습니다.

우리나라 날씨와 기후를 결정하는 시베리아 고기압과 북태평양 고기압을 설명하고자 지금까지 기압에 대한 기본적인 지식을 이야기했습니다. 어려운 내용인데, 고기압은 밀도가 높고 온도가 낮다는 것만 기억해 두어도 과학 시간에 도움이 될 거예요. 겨울철에 시베리아 지역은 전 세계에서도 가장 추운 지역에 속합니다. 그래서 이 지역에서는 공기 밀도가 높고, 위에 있던 공기가 지표면으로 내려올 거예요. 결과적으로 시베리아 지역의 대기 상층에서는 저기압이 만들어지겠지요. 그럼 주변 지역이 고기압이 되어서 시베리아 상층으로 공기가 모여들고, 자연스럽게 지표면에서는 고기압이 만들어집니다. 시베리아는 겨울 내내 추우니까 시베리아 고기압도 겨울 동안 지속해서 유지됩니다. 당연히 시베리아 고기압의 차고 건조한 북풍이 우리나라를 포함한 주변 지역으로 불어오겠지요. 시베리아 고기압이 강할 때에는 우리나라에 살을 에는 한파가 찾아오고, 다소 약해지면 한파가 수그러듭니다.

여름철의 북태평양 고기압도 이와 비슷합니다. 여름에 시원한 바다로 해수욕을 떠나는 이유가 육지보다 온도가 상대적으로 낮기 때문이잖아요? 같은 위도의 육지와 비교했을 때 태평양이 온도가 낮습니다. 그래서 여름에는 북태평양에 고기압이 만들어지고, 우리나라로 습하고 무더운 공기를 불어 냅니다. 앞에서 바다 온도가 육지보다 낮다면서 왜 태평양의 바람은 무덥냐고요? 당연하지요. 우리나라보다 위도가 낮은 아열대 지역에서 불어오는 바람이니까요. 북태평양 고기압이 북쪽으로 확장하면서 장마가 시작되고, 더 확장하면 장마가 끝나고 본격적으로 무더운 여름이 시작되는 것입니다.

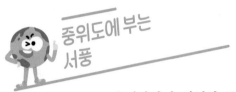

중위도에 부는 서풍

우리나라가 위치한 중위도에서는 바람이 지구 자전 방향과 같은 서쪽에서 동쪽으로 불어나갑니다. 바람이 서쪽에서 불어온다고 해서 서풍이라고 부르죠.

중위도에서 서풍이 부는 이유는 열대 지역의 온도가 고위도 지역보다 높기 때문입니다. 앞서 언급했듯이 온도가 높을 때는 낮을 때보다 공기가 많이 팽창하기 때문에, 열대 지역의 대류권 상층(대류권계면)의 높이는 고위도 지역보다 훨씬 높아요. 열대 지역에서는 16~18킬로미터, 중위도 지역에서는 10~12킬로미터, 고위도 지역에서는 8킬로미터 정도입니다. 열대 지역과 중위도 지역의 차이는 6킬로미터 정도, 중위도와 고위도 지역의 차이는 2~4킬로미터 정도입니다.

대개 대류권과 성층권 경계의 기압이 200헥토파스칼(hPa) 정도이므로 같은 고도에서 본다면 열대 지역의 기압이 고위도 지역보다 크게 나타납니다. 예를 들어 12킬로미터 높이에서 세 지역의 기압을 비교한다면, 열대 지역에서는 200헥토파스칼보다 높고, 중위도에서는 200헥토파스칼 정도, 그리고 극지역에서는 200헥토파스칼보다 낮을 것입니다. 따라서 대류권에서 열대 지역의 공기가 중위도로, 그리고 고위도로 이동해야만 합니다. 결과적으로 지구에서는 위도 간의 온도 차이로 인해서 거대한 공기의 움직임이 생기는 것이지요.

만일 공기 분자마다 색을 칠해서 움직임을 눈으로 볼 수 있게 표시하면 정말 대단한 광경일 것입니다. 그런데 고위도로 움직이는 공기는 똑바로 북쪽으로 갈 수 없습니다. 지구가 서쪽에서 동쪽으로 자전하고 있으므로 공기는 지구 자전과 같은 방향인 오른쪽(서쪽→동쪽)으로 휘어서 불게 됩니다. 이렇게 지구 자전에 의해서 바람의 방향을 바꾸는 힘을 전향력 혹은 코리올리(Coriolis)의 힘*이라고 합니다. 프랑스 과학자인

* 각 운동량 법칙을 이용해서 이 힘을 설명할 수가 있다. 실 끝에 추를 매달아 돌리면, 손에서 멀리 떨어져 추에 가까워질수록 빠르게 회전한다. 이처럼 회전축과의 거리에 따라서 속도가 변하고, 속도의 변화가 움직이는 방향을 바꾼다.

코리올리가 1835년에 이 힘을 처음으로 설명해서 붙여진 이름입니다.

전향력을 과학적으로 이해하려면 여러 물리 공식을 사용해야 하므로 여러분에겐 어려울 것입니다. 그래서 이해를 돕기 위해 동네 놀이터에서 흔히 보는 손잡이를 잡고 빙글빙글 돌려서 올라타는 놀이기구인 회전무대(뺑뺑이라고도 부른다)를 이용해서 간단한 실험을 해 보려고 합니다.

먼저 회전무대를 지구 자전 방향인 왼쪽에서 오른쪽으로 돌립니다. 그런 다음 돌고 있는 회전무대 위에서 구슬을 바깥쪽에서 안쪽으로 굴려 봅니다. (이때 너무 세게 굴리면 회전 효과를 볼 수가 없습니다.) 구슬이 회전무대 안쪽으로 굴러가면서 회전무대가 도는 방향인 오른편으로 휠 것입니다.

이번에는 반대로 구슬을 회전무대 중심에서 바깥쪽으로 굴려 보세요. 어떻게 변하나요? 이번에도 구슬이 회전무대가 도는 방향으로 휘나요? 만약 여러분이 실험을 제대로 했다면 구슬은 오른편으로 휘면서 회전무대 회전의 반대 방향인 왼쪽으로 휘면서 밖으로 떨어질 것입니다. 구슬을 회전무대 바깥쪽에서 안쪽으로 굴리든, 안쪽에서 바깥쪽으로 굴리든 구슬이 움직이는 방향은 일치합니다. 즉, 움직이는 방향의 오른편

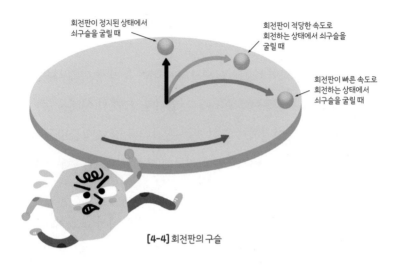

[4-4] 회전판의 구슬

으로 방향을 바꿉니다. 이처럼 방향을 바꾸는 힘이라고 해서 전향력이라는 이름이 붙었습니다.

지구 온난화가 모든 위도 지역에서 비슷한 기온 상승을 보인다면 중위도의 서풍대도 크게 변하지 않을 것입니다. 문제는 위도마다 기온의 변화가 크게 다르다는 데에 있습니다. 뒤에서 언급하겠지만, 기온이 상승하는 정도가 열대 지역보다는 중위도에서, 중위도보다는 극 주변 지역에서 크게 나타나고 있습니다. 지구 온난화로 인한 기온 상승 때문에 열대 지역과 중위도 지역 간에 기온 차이가 줄어들어서 위도 간의 기압 차이가 줄어들면, 결국에는 중위도 서풍 바람의 세기가 약해집니다. 이로 인한 영향은 뒤에서 설명하는 극 진동과 태풍 활동의 변화를 불러옵니다.

우리나라 기후를 바꾸는 극 진동

우리나라의 기후와 날씨는 겨울에는 북쪽으로부터 시베리아 고기압, 여름에는 남쪽으로부터 북태평양 고기압의 영향을 주로 받습니다. 그런데 그 세기와 범위가 날마다 그리고 해마다 달라집니다. 날씨 변화를 설명하고 예측하기가 어려운 이유가 되지요. 우리나라 날씨에 영향을 끼치는 요인은 2개의 고기압 말고도 무수히 많습니다. 우리나라와 전혀 상관없을 것 같은 극 지역이나 유럽을 돌고 있는 공기가 영향을 끼치기도 하고, 히말라야에 쌓인 눈이 영향을 끼치기도 합니다. 어떻게 그럴 수 있냐고요?

바로 바람 때문입니다. 바람은 공기가 있는 곳에서는 어디에서든 쉬지 않고 불고 있지요. 어떤 때에는 조용하다가도 태풍이 오면 세차게 불기도 하고요. 땅 위에서 부는 바람은 시간이나 지역에 따라 크게 변하지만, 상대적으로 하늘로 높이 올라갈수록 그 방향이 일정해집니다. 또, 대류권에서는 위로 올라갈수록 세게 불지요. 하늘 높은 곳에는 바람의 방향을 바꾸는 빌딩이나 산 등이 없으므로 방향이 일정하고 더 세게 부는 것입니다.

대류권에는 여러 가지 바람의 흐름이 있습니다. 그중에서 가장 규모가 커서 지구 전체를 둘러싸고 있는 거대한 바람의 흐름을 '대규모 대기 순환(general atmospheric circulation)'이라고 부릅니다. 바람이 세게 부는지, 약하게 부는지 혹은 바람의 중심이 북쪽으로 움직이는지, 남쪽으로 움직이는지에 따라 세계 여러 지역에서 날씨가 크게 변합니다. 큰비나 큰 눈이 내리는 것도, 여름에 온도가 높거나 낮은 것도, 심지어 태풍이 많이 오고 적게 오는 것도 모두 거대한 바람의 흐름에 따라 변하지요.

대기 순환은 지역마다 기압이 달라서 발생합니다. 모든 지역에서 기압이 같다면 바람이 불 수가 없어요. 기압이 없다면 바람을 정의할 수도 없을 테고요. 달에 공기가 없는 것을 알고 있지요? 공기가 없으니 그 무게를 나타내는 기압을 관측할 수가 없어요. 당연히 달에는 바람이 불지 않습니다.

　바람은 고기압 지역에서 저기압 지역을 향해서 불어가는 성질을 갖고 있습니다. 고기압 지역에는 공기가 많고 저기압 지역에는 공기가 적은데, 공기는 많은 곳으로부터 적은 곳으로 움직여요. 물이 높은 곳에서 낮은 곳으로 떨어지는 것과 같은 원리입니다. 물길의 경사가 완만하면 물이 천천히 흐르겠지만, 경사가 심할수록 물살이 세집니다. 태풍은 잘 발달한 저기압으로서 주변과 기압 차이가 크기 때문에 바람이 강하게 부는 것입니다.

　1800년대 중반쯤에 쉽게 사용할 수 있는 기압계*가 개발된 후로 사람들은 이 새로운 관측 기계를 세계 여러 곳에 설치했어요. 엘니뇨와 라니냐가 대규모 대기 순환에 영향을 끼친다는 사실도 기압계에서 관측한 자료를 분석해서 알게 되었습니다. 또한 북대서양에서는 스페인 서부에 위치한 아조레스의 해면기압이 높아지면 먼 북쪽에 위치한 아이슬란드의 해면기압이 낮아지는 것을 발견했습니다. 반대로 해면기압이 아조레스에서 낮아지면 아이슬란드에서는 높아졌어요. 사람

• 기압계는 이탈리아 과학자인 토리첼리가 1600년대 중반에 처음 만들었다.

들은 이 관계를 '북대서양 진동(North Atlantic Oscillation)'이라고 불렀습니다.

해면기압이란 단어가 낯설어서 이건 또 뭔가 싶을 텐데요, 간략하게 설명하면 해발고도 0미터인 평균 해수면 높이에서 관측한 기압을 말합니다. 관측소마다 각각 위치한 장소의 고도가 모두 달라서 같은 기준으로 기압을 일치시켜야 의미 있는 자료가 되기 때문에 지표면에서는 해면기압으로 변환해서 사용합니다.

일기도에는 장소에 따라 기압이 어떻게 다른지 표시되어 있습니다. 기압이 동일한 지점을 이은 선을 등압선이라고 하는데요, 세계 기상기구에서는 지표면의 지상일기도를 그리기 위해 모든 관측소에서 기압을 해면기압으로 변환해서 통보하도록 규정하고 있습니다.

그런데 1998년에 미국 워싱턴대학의 월러스 교수와 당시 대학원생이었던 톰슨이 100여 년 동안 관측된 북반구 전체의 해면기압을 조사했더니 북대서양 진동이 북대서양뿐만 아니라 북반구 전체의 공기 흐름에도 영향을 미친다는 것을 알게 되었습니다. 대기 전체의 공기 무게에 해당하는 해면기압이 극 지역에서 높으면 중위도에서 낮고, 극 지역에서 낮으면 중

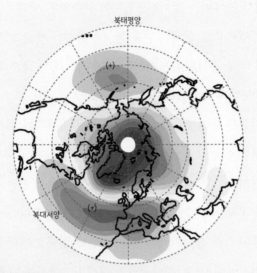

[4-5] 극진동 양의 상태
극진동이 양의 상태일 때 해면기압의 변화. 극을 중심으로 해면기압이 평년보다 낮고, 북대서양과 북태평양에서 해면기압이 높다.

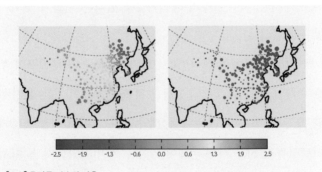

[4-5] 극진동 지수와 기온
극진동 지수와 동아시아 기온 사이의 관계를 나타낸다. 오른쪽이 음의 극진동 상태를 나타낸다.

위도에서 높아지는 것처럼, 극 지역과 중위도 지역의 해면기압이 서로 반대로 변하는 진동 현상을 발견한 거죠. 그들은 이 현상이 극을 중심으로 발생하는 것에 착안해서 '극 진동(Arctic Oscillation)'이라고 불렀습니다.

극 진동은 양과 음, 혹은 중립의 상태로 번갈아 변하는데, 첫 번째 그림은 극 진동이 양의 상태일 때입니다. 극 주변에서는 해면기압이 평년보다 낮고, 주변을 둘러싸고 있는 북대서양과 북태평양에서는 해면기압이 평년보다 높게 나타납니다. 극 진동이 음의 상태일 때는 이와 정반대 형태로서 극 주변에서 해면기압이 높고, 북대서양과 북태평양에서는 낮게 나타납니다. 그럼, 중립의 상태는 어떤 때일까요? 맞아요, 극 주변과 북대서양, 북태평양의 해면기압에 별다른 변화가 보이지 않을 때입니다.

극 진동은 '북쪽의 엘니뇨'라고 불리며 최근 기후 연구의 주요 주제가 되었습니다. 극 진동은 북반구 전체의 기온 및 강수량, 오존량, 복사량, 태풍 활동, 해양 순환, 그리고 식물 생장에 이르기까지 지구 기후 전체에 영향을 끼치고 있습니다. 이처럼 지구 규모에서 해면기압이 변하면서 북반구 전체의 공기 흐름을 바꾸고, 그 결과로서 이들 지역과 주변 지역에 대기 현상을 일으키며, 이에 따라 여러 형태의 기후 변화가 발생합니다.

우리나라도 예외가 아니어서 극 진동이 양의 상태일 때에는 전반적으로 따뜻한 겨울을 보내고, 반대로 극 진동이 음의 상태일 때에는 추운 겨울을 보냅니다. 길고 강한 한파가 올 때에는 어김없이 극 진동이 음의 상태에 놓여 있을 때입니다. 따라서 극 진동에 대한 연구는 다양한 기후를 예측하고 기상 피해에 대비할 수 있게 해 줍니다.

호기심이 많은 독자라면 "북반구에 극 진동이 있다면 남반구에는 남극 진동(Antarctic Oscillation)이 있어야 하는 것 아닌가?"라고 질문할 수도 있을 겁니다. 네, 맞는 이야기입니다. 남반구에는 남극 진동이 있습니다. 북극은 북극해 한가운데에 있고 그 주변에 아시아와 유럽, 그리고 북아메리카가 둘러싸고 있다면, 반대로 남극은 남극대륙 한가운데에 있고 그 주변으로 태평양과 대서양, 그리고 인도양으로 둘러싸여 있습니다. 이처럼 육지와 해양의 분포가 정반대라서 남극 진동의 공간 패턴은 극 진동보다는 원형에 가까운 모양을 보입니다. 남극 지역과 주변 지역 간에 해면기압의 변화가 양과 음으로 진동하는 형태는 같습니다.

북반구에서는 극 진동, 남반구에서는 남극 진동이 발생해서 해면기압이 변하고, 대규모 대기 순환이 변하면 북반구와 남반구의 여러 지역에 이상기상이 발생합니다. 그런데 이 설명은 과학적으로 앞, 뒤 정황을 살펴보자면 틀린 이야기가 될 수도 있습니다. 극 진동(또는 남극 진동)이 모든 현상의 원인이 아니라 결과가 될 수 있기 때문입니다. 예를 들어, 대규모 대기 순환이 바뀌면 여러 지역에서 해면기압 또한 바뀌게 됩니다. 그러면 바뀐 해면기압의 형태가 극 진동의 양이나 음의 상태가 될 수도 있기 때문입니다. 이렇게 질문에 질문을 이어가다 보면 마치 '닭이 먼저인지, 달걀이 먼저인지'를 따지는 이야기가 될 수도 있습니다. 확실한 것은 극 진동과 해면기압, 그리고 대규모 대기 순환이 서로 얽히고설켜서 서로 영향을 주고받으면서 변한다는 사실입니다. 여기에 지구 온난화로 극 지역과 주변 지역의 얼음과 눈이 녹으면서 극 진동의 변화 양상이 더욱 복잡해졌습니다.

지구 온난화로
태풍이 많아질까?

태풍(tropical cyclone)*은 해수면 온도가 매우 높은 열대 지역의 바다에서 발생합니다. 대개 바닷물의 온도가 26.5도 이상 되는 곳에서 발생하니까 태풍이 생기려면 해수면 온도가 최소 26.5도는 되어야 합니다.

지구 온난화에 의해 열대 바다의 온도가 올라가면 현재 26.5도보다 낮은 지역도 26.5도보다 높아질 것입니다. 그만큼 태풍이 생기는 지역도 넓어지고, 생길 가능성도 커지겠지요. 그러나 날씨 변화는 생각만큼 간단하지 않습니다. 태풍은 바닷물의 온도 변화로만 발생하는 게 아니기 때문이지요. 지금도 바닷물의 온도가 26.5도보다 높은 지역은 엄청나게 넓습니다. 그렇지만 그 모든 지역에서 태풍이 생기지는 않습니다. 어떤 지역에서는 바닷물의 온도가 30도가 넘어도 태풍이 생기지 않아요. 이런 걸 보면 태풍을 일으키는 요인이 바닷물의 온도만은 아니라는 사실을 알 수 있습니다.

* 아시아에서는 태풍(typhoon), 북미에서는 허리케인(hurricane)으로 부른다.

그럼, 태풍이 만들어지기 위해서는 어떤 조건이 더 필요할까요? 먼저, 태풍이 발생하기 위해서는 열대 해양에 저기압이 만들어져야 하고, 동시에 대류권에 충분히 많은 수증기가 있어야 합니다. 공기는 기압이 높은 곳에서 낮은 곳으로 이동하니까 저기압을 향해서 수증기를 가득 머금고 있는 공기가 모여들겠지요. 이 상태를 '열대성 저기압'이라고 부르는데, 불규칙한 형태로 구름 무리가 만들어지는 상태입니다.

열대성 저기압은 단어에 포함된 뜻대로, 열대 지역에서 발생한 저기압입니다. 여기에서 열대 지역은 적도에서 위도 30도까지의 지역을 가리키지요. 열대 저기압을 발생시키는 주요 에너지원이 대기 중 수증기에 포함된 숨은 열(잠열)이기 때문에 해양에서 만들어집니다. 열대 지역에는 중위도와는 다르게 동풍 바람이 부는데, 북동풍과 남동풍이 만나면 작은 소용돌이가 만들어집니다. 이 소용돌이 안으로 수증기가 많은 열대의 뜨거운 공기가 모여들고, 중심에서는 상승 기류가 생깁니다. 공기가 사방에서 모여들면 바닷속으로 들어가지는 못하고 하늘 위로 올라갈 수밖에 없지요.

하늘로 올라간 공기는 팽창하면서 온도가 낮아집니다. 앞서 이야기했듯이 팽창하면서 갖고 있던 에너지를 사용하기 때문에 온도가 낮아져야 합니다. 그러면 기체 상태의 공기는 액체로 변하면서 구름을 만들고 잠열을 방출하지요. 이때 방출된 잠열은 다시 공기의 온도를 높여서 상승 기류를 더 강하게 만들어 줍니다. 상승 기류가 강할수록 더 많은 구름이 만들어집니다. 소용돌이 중심으로 공기가 계속해서 올라가므로 주변으로부터 공기가 모여들어야 하는 환경이 만들어지는 것입니다. 이런 상태를 열대성 저기압이라고 부릅니다.

그런데 아무리 수증기가 많이 모여 있는 열대성 저기압이라고 해도 수증기가 바로 하늘 높이 올라가서 주변으로 흩어져 버리면 아주 강한 상태인 태풍으로 성장하지 못합니다. 종이 한 장을 찢기는 쉽지만 종이가 열 장, 스무 장이 되면 어지간히 힘센 장사도 못 찢지요. 열대성 저기압이 태풍으로 발달하는 과정도 이와 비슷합니다. 태풍으로 발달하기 위해서는 대기가 적당히 안정되어 있어서 상승하는 수증기를 잠시 동안 억누르고 있어야 합니다. 수증기가 충분히 모일 때까지 가두고 있는 모양입니다. 마치 종이를 한 장, 두 장 쌓아두는 것처럼요. 물론, 바람이 약하거나 아예 불지 않아야 공기가 다른 곳으로 흩어지지 않을 거예요. 그런데 모든 열대성 저기압에서 늘 대기가 적당히 안정되고, 바람이 세게 불지 않는 것은 아닙니다. 이 때문에 대부분의 열대성 저기압이 태풍으로 자라지 못하는 겁니다.

어떤 과학자들은 지구 온난화 때문에 더 강한 태풍이 발생할 것이라고 경고하고 있습니다. 하지만 지구 온난화가 심해진다고 해서 태풍이 더 많이 발생하고, 더 강해지리라고 예측하는 것은 매우 단순한 생각이에요. 태풍의 발생과 활동의 예측은 여러 가지 변화를 종합적으로 판단해서 결론을 내려야 합니다. 무엇보다 먼저 지구 온난화로 인해서 열대성 저기압에서 태풍으로 발달하는 데 유리한 조건이 만들어질 것이냐를 살펴봐야 합니다. 또한 바닷물의 온도와 공기 움직임의 변화, 그리고 대기 상태의 변화를 종합적으로 살펴야 됩니다. 이러한 여러 이유를 종합해서 분석하고 판단해야 하므로 모든 과학자가 같은 결론을 내리지는 않습니다. 지구 온난화로 태풍이 많아지고 강해질 거라고 예상하는 대기과학자도 있지만, 반대로 태풍의 수가 줄어들고 세기도 크게 변하지 않을 거라고 예상하는 대기과학자도 있습니다.

태풍이 우리나라에 영향을 끼칠 것이라는 예보가 발표되면 온 나라가 걱정에 휩싸입니다. 댐이나 하천을 점검하고, 도로와 축대도 살피지요. 산사태가 잦은 곳에 사는 사람은 태풍이

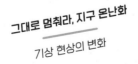

그대로 멈춰라, 지구 온난화
기상 현상의 변화

지나갈 때까지 잠을 못 이루기도 합니다.

기상청 예보관도 마찬가지입니다. 태풍이 언제 어느 지역을 통과하고, 얼마나 강한 바람이 불고, 얼마나 많은 비가 내릴지 태풍이 우리나라에 다다르기 며칠 전부터 밤을 새우며 앞으로 일어날 여러 상황들을 예측합니다.

최근 20~30년 동안 태풍 때문에 우리나라 강수량은 수십 년 전보다 엄청나게 늘어났습니다. 1980년 이전까지는 태풍에 의한 일일 강수량이 300밀리미터 이상인 경우가 한 번도 없었는데 최근 들어 눈에 띄게 늘었습니다.

2002년 8월 31일 태풍 '루사'가 강릉에 뿌린 870밀리미터의 강수량은 우리나라 역사상 가장 많은 양입니다. 1일 강수량 870밀리미터는 예전에는 상상도 하지 못한 엄청난 양이지요. 이 정도로 비가 내리면 앞이 보이지 않을 거예요. 비가 내린다고 하기보다는 대야로 퍼붓듯이 쏟아진다는 표현이 더 적절하겠네요.

지구 온난화로 인해 태풍에 의한 집중 호우가 더 심해질 것인가를 예측하는 것은 어려운 일이지만, 최근에 일어난 여러 상황을 보면 앞으로 집중 호우가 더 강해질 거라고는 예상이 가능합니다.

[4-7] 태풍은 좋은 걸까? 나쁜 걸까?

그대로 멈춰라, 지구 온난화

기상 현상의 변화

그러나 태풍이 항상 해로운 것은 아닙니다. 어떤 태풍은 고맙기도 합니다. 1994년의 여름은 유난히 덥고 길어서 가뭄이 심했었는데요, 태풍 '더그'가 더위와 물 부족을 어느 정도 해결해 주었습니다. 또한 태풍은 열대 지역에 쌓인 대기 중의 에너지를 고위도 지역으로 이동시켜서 위도와 위도 사이의 온도 균형을 맞추어 지구의 온도를 안정적으로 만들어 줍니다. 바닷물을 뒤섞어 순환시켜 해양 생태계를 활성화하는 역할도 하고요.

지구 온난화가 끼치는 영향

지금까지 기후 변화가 무엇이고, 무엇이 기후 변화를 일으키는지에 대해 이야기했습니다. 지구 온난화는 당연히 기후 변화를 일으키지요. 그렇다면 지구가 더워져서 기후 변화가 발생하는 것일까요? 반대로 지구가 추워지면 기후 변화가 일어나지 않을까요? 지구가 더워지는 것과 기후 변화 사이에는 도대체 무슨 관계가 있을까요?

지구 온난화는 공기 중에 온실 기체가 많아져 온실 효과가 커지기 때문에 일어난다고 했습니다. 공기 중에 온실 기체가 많아져서 온실 효과가 커지면 지구는 에너지 균형을 맞추기 위해 더 많은 지구 복사 에너지를 우주로 방출해야 합니다. 흡수하는 태양 복사 에너지의 양이 달라지면 방출하는 지구 복사 에너지의 양도 달라져야 하기 때문입니다.

온실 효과가 커지면 우주로 방출되는 지구 복사 에너지의 양이 줄어듭니다. 이때 지구 복사 에너지를 더 많이 내보내기 위한 가장 쉬운 방법은 기온을 높이는 것입니다. 바로 지구 온난화가 발생하는 것입니다. 그런데 지구의 기온은 어느 곳에서나 일정하게 올라가지 않습니다. 지구의 지표면은 육지와 바다로 나누어져 있고, 육지는 높은 산도 있습니다. 얼음과 눈으로 덮여 있는 곳도 있고, 사막도 있고, 위도도 열대와 중위도, 그리고 극 지역이 있어서 어떤 곳은 온도가 많이 올라가고 어떤 곳은 적게 올라갑니다. 여름과 겨울에도 기온이 변하는 정도가 다르고요. 이러한 복잡하고 다양한 이유들 때문에 고기압이나 저기압을 변화시키는 공기의 움직임이 지역이나 계절에 따라 다르게 나타납니다.

앞서 엘니뇨와 전 세계 이상기상의 관계를 이야기하면서, 엘니뇨 시기에는 지구 표면의 에너지가 대기 중으로 더 많이 전달되기 때문에 이상기상이 자주 발생한다고 이야기했습니다. 지구 온난화가 일어나면 이와 비슷하게 에너지 교환에 변화가 생겨서 대규모로 대기 순환이 바뀌어야 합니다. 그런데 지구 온난화는 엘니뇨처럼 몇 년마다 발생했다, 발생하지 않았다 하는 현상이 아닙니다. 오늘도, 내일도, 그리고 내년이나 십 년 후에도 계속해서 발생하는 현상입니다. 그만큼 전 세계 기후에 엄청난 파급 효과를 불러올 수 있습니다. 어쩌면 이상기상이나 이상기후를 일으키는 데에 머무르지 않고 기후 자체를 바꿔 버릴 수도 있습니다.

　지구 온난화가 이렇게까지 심각한 상황에 이르게 되면 피해를 줄일 방안을 찾는 정도가 아니라, 정말로 인류의 생존을 걱정해야 할지도 모릅니다.

CHAPTER 05

지구 온난화의 미래는?

　대기과학자들은 대기 중에 온실 기체가 지금처럼 매년 1퍼센트 정도씩 늘어난다면, 2060년경에는 지금과는 비교할 수 없을 만큼 온실 효과가 커져서 지구의 평균 온도가 산업혁명 당시보다 2~3도 높아지리라고 예상합니다. 현재와 비교해도 1도 이상 높아지는 것이지요. 지금의 청소년이 환갑이 되기도 전에 일어날 일이니 멀지 않은 미래에 겪어야 할 지구의 상황입니다. 게다가 단순히 평균 온도가 높아지는 것만으로 끝나지 않을 거라는 점이 앞으로 다가올 지구 온난화가 무서운 이유입니다.

　온실 효과가 커지면 우주로 방출되는 지구 복사 에너지가 줄어서 상대적으로 지구가 흡수하는 태양 복사 에너지가 늘

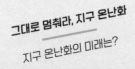

어나는 것과 같은 효과가 나타납니다. 그러나 지구에서는 태양 복사 에너지와 지구 복사 에너지 사이의 균형이 항상 맞춰져야 하므로, 이런 에너지의 흡수와 방출 사이에 나타나는 불균형은 만들어질 수가 없습니다. 지구는 방출하는 복사 에너지를 더 많이 내보내든지, 아니면 태양 복사 에너지를 더 적게 흡수해서 에너지의 균형을 유지해야겠지요.

그럼 지구는 어떤 방식으로 두 복사 에너지 사이의 균형을 유지할까요? 지구 온난화를 연구하는 대기과학자들도 알고 싶어 하는 답 중의 하나입니다. 그런데 이 답을 구하려면 대기와 해양에서 나타날 여러 역학, 물리 과정이 포함된 기후모델을 시뮬레이션해야 합니다. 계절에 따라서 태양 복사 에너지와 지구 복사 에너지의 양이 계속 변하는 동안에도 에너지 균형은 맞춰져야 하기 때문이지요. 또한, 대기에서는 바람의 움직임, 해양에서는 해류의 흐름이 지금과는 다르게 변하는 것도 제대로 답을 구하려면 다양한 경우의 값을 포함해야 합니다. 매우 기억 용량이 크고 계산 속도가 빠른 슈퍼컴퓨터를 사용해야만 가능한 계산량입니다.

멕시코 난류의 갑작스러운 정지, 가능한 시나리오일까?

대기와 해양의 움직임을 모두 포함한 기후모델의 미래 시뮬레이션 결과를 살펴보면, 이산화탄소의 가파른 증가로 단기간에 커진 온실 효과에 반응해서 대기와 해양의 순환이 수십 년밖에 안 되는 짧은 기간* 안에 변하는 것으로 나타납니다. 결과 예측에 따르면 우리나라를 비롯한 세계 여러 나라에서 극심한 기후 변화를 겪게 될 것입니다. 대기와 해양의 흐름이 바뀌는데 기후 변화가 나타나지 않는다면 그것이 이상한 일이겠지요. 어쩌면 우리는 이미 기후 변화 시대에 들어와서 살고 있는지도 모릅니다.

물론 대부분의 대기과학자와 해양과학자들은 십여 년 전에 상영되어 사람들을 충격에 빠뜨렸던 영화 〈투모로우〉와 같은 극단적인 상황이 실제로 발생하지는 않을 거라고 생각합니다. 〈투모로우〉는 2000년대 초반에 미국에서 만들어진 SF 영화**로, 갑작스럽게 발생한 기후 변화로 인해서 인류가 멸망에 이를 수 있다는 극단적인 재앙을 다루고 있습니다. 영화를 본 많은 사람이 기후 변화의 엄청난 위력에 깜짝 놀라고 말았습니다. 지구환경을 연구하는 전공자들도 "이거, 진짜로 일어날 수 있는 일이야?" 하면서 책이나 인터넷을 뒤져봤을 정도였지요.

영화에서는 기후 변화가 북대서양에서 처음 발견되는 것으로 나옵니다. 북대서양의 바닷물 온도가 높아지면서, 전 세계 바닷물의 거대한 흐름의 시작에 해당하는 멕시코 난류가 갑자기 정지해 버립니다. 대서양에서 바닷물의 흐름이 막히니, 다람쥐 쳇바퀴 돌 듯 끊임없이 움직이던 전 세계의 바닷물이 순식간에 호숫물처럼 잔잔해지죠. 따뜻한 멕시코 난류가 북대서양으로 들어오지 않자 그동안 온난화로 더위를 걱정하던 북미와 유럽 사람들은 한순간에 엄청난 추위를 맞게 됩니다. 기온은 영하 수십 도에 이르고, 인류가 지금까지 한 번도 경험하지 못한 강추위가 몰려오고, 이에 따라서 사람을 비롯한 모든 생물이 일순간에 죽음을 맞이합니다.

그럼, 멕시코 난류의 흐름이 정지할 수 있다는 영화의 설정

• 수천 년, 수만 년에 걸쳐서 빙하기에서 간빙기로, 혹은 간빙기에서 빙하기로 변하는 것에 비하면 수십 년은 정말 짧은 기간이다.
•• Science fiction 영화. 실제로 일어나는 일이 아니라 상상 속의 상황을 가정해서 만든 영화이다.

이 가능한 이야기일까요? 지금까지 배운 과학 지식으로 가늠해 보자면 앞으로 최소한 수천 년 내에 이런 일이 일어날 가능성은 0퍼센트입니다. 많은 사람이 SF 영화라는 것을 아니까

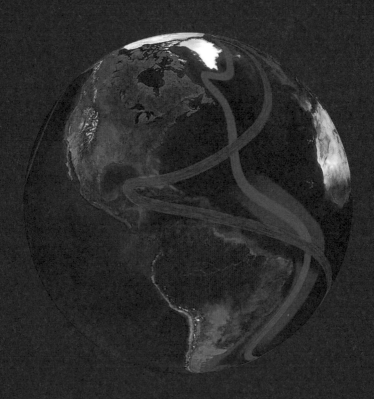

[5-1] 해양 대순환
전 세계 해양 대순환의 주요 흐름으로서 북대서양에서 고위도로 흐르는 멕시코 난류(붉은색)와 고위도 지역에서 바닷속으로 가라앉아 해양 깊숙한 곳에서 저위도로 흐르는 순환류(파란색)를 나타내는 그림. 붉은색은 따뜻한 물, 파란색은 차가운 물을 가리킨다.

재미있게 볼 수 있었습니다. 거대한 멕시코 난류가 한순간에 멈춘다는 것은 불가능한 이야기지만, 영화를 본 사람들은 기후 변화가 얼마나 무서운 일인지 알게 되었을 겁니다.

아주 오래전에 지금과 같은 모양으로 전 세계의 육지와 바다가 분포할 때부터 그린란드 부근 북대서양의 바닷물은 세계에서 가장 무거웠습니다. 여기에서 바닷물이 무겁다는 건 쇳가루나 흙이 섞여 있어서 무거운 게 아니라 그 안에 염분(소금)이 많이 포함되어 있다는 의미입니다. 세계 여러 지역의 바닷물에 포함된 염분을 조사해 보니 북대서양 바닷물에 가장 많이 포함되어 있었습니다.

바닷물은 온도가 내려가면 밀도가 커져서 무거워지는 특징을 갖고 있습니다. 북대서양은 추운 지역인 북극 부근에 있어서 바닷물의 온도가 낮기도 하고, 이에 더해서 염분이 많이 포함되어 있어 전 세계 해양에서 가장 무거운 물이 되었습니다. 이렇게 바닷물이 무거우니 깊은 바다로 가라앉을 수밖에요. 북대서양의 바닷물은 해저 수 킬로미터를 가라앉은 후에는 수평으로 방향을 바꾸어 대서양 남쪽으로 흐르기 시작합니다 (그림에서 파란색으로 표시). 어마어마한 양의 차가운 바닷물이 대서양 해저를 가로질러 흐르다니, 그 광경은 상상만 해도 굉

장하다고 여겨집니다.

수 킬로미터 바닷속에서 북대서양으로 내려온 물은 인도양과 태평양으로 흘러가서 솟아 올라옵니다. 북대서양에서 가라앉은 물은 인도양과 태평양에서 다시 솟아오르기까지 엄청난 거리를 이동합니다. 수백 년, 어쩌면 수천 년이 넘게 걸리는 기나긴 여행이지요.

북대서양에서 가라앉은 물을 채우기 위해 바다 표면에서는 멕시코, 북아메리카, 유럽을 따라 따뜻한 바닷물이 북으로 올라옵니다. 이것을 '멕시코 난류'라고 부릅니다(그림에서 붉은색으로 표시). 고위도에 자리 잡은 영국과 북유럽 기온이 크게 떨어지지 않는 이유가 바로 이 난류 때문이지요.

그러나 영화 〈투모로우〉에서처럼 지구 온난화가 심해지면 상황은 달라질 것입니다. 영화에서 멕시코 난류가 갑자기 멈춘 이유는 지구 온난화로 인해서 북극 지역의 빙하가 녹아내렸기 때문입니다. 소금기가 없는 빙하 물이 북대서양으로 들어가면서 바닷물의 소금기가 옅어졌고, 밀도가 줄어든 바닷물은 가벼워지니까 가라앉지 않게 됩니다. 즉, 염분이 줄어들면서 더는 이곳의 바닷물이 가장 무거운 물이 아니게 된 것이지요. 가벼워진 바닷물이 북대서양에서 가라앉지 않자, 그 자리로 들어오려던 멕시코 난류는 북대서양으로 들어오지 못하고 멈추게 됩니다. 결국 북대서양에서 해저로 가라앉으면서 시작되는 기나긴 바닷물의 전 세계 여행은 흐름이 약해지고, 상황이 더욱 심해지면 마침내 영화에서처럼 멈추게 되는 거지요.

그러나 이런 식으로 진행되는 지구 온난화의 영향이 영화에서처럼 한순간에 나타날 것으로 보여지진 않습니다. 물론 먼 미래에 지구 온도가 엄청나게 높아지면 일어날 가능성이 아예 없는 것은 아니지만 말입니다.

가라앉고 있는 섬, 투발루

지구 온난화로 극 지역의 빙하가 녹고 있는 것은 잘 알려진 사실입니다. 남극과 북극에 빙하 형태로 저장된 물의 양은 여러분이 생각하는 것보다 훨씬 많습니다.

전 세계에 흩어져 있는 물의 분포를 한번 살펴볼까요? 여러분이 짐작하는 대로 바닷물이 가장 많은데, 전체의 97퍼센트를 차지합니다. 우리가 마실 수 있는(소금기가 없는) 물인 담수

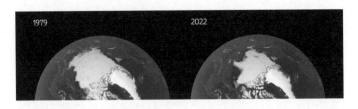

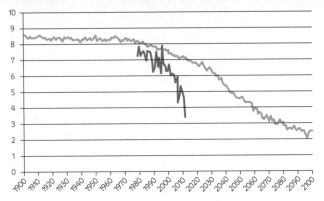

[5-2] 북극 해빙의 변화
북극 빙하를 인공위성으로 처음 관측한 1979년과 감소한 2022년의 사진. (출처: NASA)
북극 빙하의 면적은 월별로 다른데, 대개 9월에 가장 많이 줄어든다. 아래는 1900년부터
2100년까지 북극 빙하 면적을 표시한 그래프이다. 파란 선은 기후모델의 시뮬레이션 결과이
고, 붉은 선은 인공위성의 관측 값이다. 북극 빙하의 면적이 기후모델이 예측하는 것보다 더
빠르게 감소하고 있음을 잘 보여 준다.

는 3퍼센트 정도입니다. 담수가 너무 적다고 아쉬워하지는 마

세요. 이 정도만 해도 어마어마하게 많은 양이니까요.

그럼 담수가 어떤 형태로 이루어졌는지 알아볼까요?* 전

체 담수의 69퍼센트가 빙하와 눈입니다. 즉, 얼음의 형태로 이

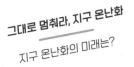

그대로 멈춰라, 지구 온난화
지구 온난화의 미래는?

루어져 있는 셈이지요. 다음으로 양이 많은 담수는 지하수로서 30퍼센트 정도를 차지하고 있습니다. 둘을 합하면 99퍼센트에 이릅니다. 그러니까 전체 담수의 99퍼센트가 우리 주위에서 흔히 볼 수 없는 형태로 존재하는 셈이지요. 나머지 1퍼센트를 강과 호수, 대기의 수증기, 그리고 생명체에 들어 있는 물이 차지하고 있습니다. 이렇게 담수의 비율을 따져 보니 우리가 생활하면서 마시고 사용하는 물의 양이 매우 적다는 것을 알게 됩니다.

이렇게 담수의 비율로 보니 극 지역에 얼마나 많은 양의 담수가 저장되어 있는지 알겠지요? 우리나라에 가뭄이 들어서 비가 내리기를 간절히 원할 때, 마음 같아서는 북극이나 남극으로 달려가 빙하를 조각내서 끌고 오고 싶습니다. 그러면 비가 내리지 않아도 가뭄을 해결할 수 있을 텐데 말이에요.

지구 온도가 올라가면, 그림에서 보듯이 북극과 남극에 있는 빙하가 녹을 거예요. 기후모델의 예측에 따르면 2100년에 북극 빙하의 면적이 지금의 4분의 1에 불과할 것이라고 합니

• 참고 문헌마다 담수의 분포 퍼센트 값이 크게 다르다. 이유는 그만큼 불확실성이 크기 때문이다.

다. 그런데 충격적인 사실은 인공위성이 관측한 값을 보니 기후모델의 예측보다 더 빠르게 감소하고 있다는 것입니다. 어쩌면 정말 가까운 미래에 북극에 빙하가 아예 없어지는 해가 올지도 모르겠습니다.

빙하가 바다에 떠 있으니 녹은 물은 당연히 바다로 흘러가겠지요. 지금도 바닷물의 비율이 월등히 높은데, 빙하 녹은 물까지 더해지면 바닷물의 비율이 더 커질 것입니다. 그러면 주변 지역의 해안선을 따라 바닷물의 높이가 높아지겠지요. 대륙이나 고산 지대의 빙하가 녹게 되면 이것 역시 바다로 흘러들어가 해수면을 높이는 결과를 낳을 겁니다.

그런데 바닷물의 높이가 높아지는 이유로 하나를 더 꼽을 수가 있습니다. 바닷물의 온도가 높아지면 바닷물 내부에서 분자 운동이 활발해질 거예요. 그러면 부피가 커질 테고, 바닷물이 빵처럼 부풀어 오른다는 이야기이니 해안선의 바닷물이 높아지는 현상은 더 가속화될 것입니다. 이런 일이 반복되다 보면 바다 가까이에 있는 저지대 국가나 섬은 바닷속으로 가라앉을 수도 있겠네요.

어떤 과학자는 남태평양의 섬나라 투발루가 높아진 바닷물 수위 때문에 지구상에서 첫 번째로 바닷속으로 사라지는 나라가 될 거라고 예상합니다. 실제로 신문이나 텔레비전 뉴스를 들으면 날이 갈수록 투발루 해안선의 밀물과 썰물의 높이가 높아지고 있다고 합니다. 특히, 밀물과 썰물의 높이가 가장 높아지는 2월엔 주요 도로와 주변 코코넛 나무들이 바닷물에 모두 잠긴다고 하고, 투발루의 밭들은 이미 염전이 된 지 오래되었습니다. 과학자들의 예측이 맞는다면 50년 안에 투발루는 영원히 바닷속으로 가라앉을 것입니다.

투발루 말고도 이러한 위험에 처한 다른 섬들이 태평양 곳곳에서 발견되고 있습니다. 해안이 바닷물에 의해 깎이고, 깎인 해안으로 바닷물이 들어와 경작지가 줄어들고, 식수도 부족해지지요. 바닷물의 높이가 올라갈수록 섬나라는 해일 피해를 더 많이 받아서 위험이 더욱 커질 것입니다.

사막을 확장시키는
지구 온난화

지구 온난화가 불러오는 또 다른 피해로 사막화를 들 수 있습니다. 사막화는 사막이 아닌 지역이 사막으로 변하는 현상입니다. 사막은 모래와 바람만이 황량하게 이어져 있어 생명체가 살기 어려운 곳입니다. 흰 천을 옷처럼 온몸에 휘감은 사람들이 낙타를 타고 가는 사진이나 영상을 본 적이 있을 거예요.

지구에는 여러 지역에 사막이 광활하게 분포되어 있습니다. 아프리카의 사하라 사막, 중국 북부와 몽골에 펼쳐진 고비 사막, 미국 캘리포니아 남동쪽에 있는 모하비 사막 등을 대표적으로 들 수 있지요. 특히 중국 북부와 몽골에 있는 사막은 우리에게는 골칫거리이기도 합니다. 이곳의 모래흙이 강한 바람에 휩쓸려 우리나라까지 날아오기 때문입니다. 이 모래흙이 바로 우리를 괴롭히는 '황사'입니다.

황사가 우리나라에 오면 온 하늘이 뿌옇게 변합니다. 호흡기가 약한 노약자들이 황사 먼지를 들이마시면 밤새 기침하며 고생하기도 합니다.

그런데 이거 알아요? 중국 북부와 몽골의 사막 주변에 서울시 면적보다 더 넓은 지역이 매년 사막으로 바뀌고 있다는 사실 말입니다. 사막이 넓어지는 이유로는 여러 가지를 들 수가 있습니다. 사막 부근에 있는 목초지 풀을 가축이 모조리 뜯어먹거나 사람들이 경작지로 사용해서 목초지가 줄어드는 경우가 있고, 지구 온난화로 인해서 비가 내리는 시기와 양이 달라

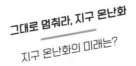

그대로 멈춰라, 지구 온난화
지구 온난화의 미래는?

지면서 목초지 자체가 사막으로 바뀌는 경우도 있습니다. 만약에 사막 주변의 지역에서 목초지가 줄어들면 비가 내린다고 해도 땅에 물을 저장하지 못하기 때문에 다른 지역으로 흘러가 버립니다. 결국 이 지역에서 증발하는 물의 양이 줄어들어 다시 땅으로 되돌아오는 비의 양도 줄어들게 됩니다. 또한 목초지가 사막으로 변하면서 햇빛을 흡수하는 풀이 줄어들어 햇빛이 반사하는 양이 증가합니다. 결과적으로 햇빛이 줄어드니 풀은 성장 에너지를 잃게 되는 것이지요. 목초지가 줄어 들든 비가 적게 내리든 간에 사막화가 더욱 가속화되는 것입 니다.

최근 연구에 따르면 사막화되는 면적이 넓어지면서 그동안 흙 속에 저장되어 있던 이산화탄소가 대기 중으로 방출되고 있다고 합니다. 다시 말해 지구 온난화로 인해서 사막화가 진 행되지만, 동시에 사막화가 대기의 이산화탄소를 증가시켜서 지구 온난화의 원인이 되기도 한다는 것이지요.

과학자들은 미래에 지구 온도가 지금보다 1도 더 높아지면 전 세계 지표면의 20~30퍼센트 정도 면적에서 가뭄이 심각해 지고, 사막화 위협에 직면할 거라고 경고합니다. 이렇게 되면 세계 인구의 15퍼센트 이상이 직·간접적으로 피해를 입게 됩 니다. 현재 사막화가 나타나고 있는 지역은 아프리카 사하라 사막 남부의 사헬지대, 중국의 서북부, 중앙아시아, 호주, 북 아메리카, 남아메리카 칠레 서부 등 전 세계에 광범위하게 분 포하고 있습니다. 이 중 사막화 문제가 가장 심각한 지역은 사 하라 사막 주변으로, 유엔사막화방지회의 자료에 따르면 연 평균 10킬로미터 속도로 사막이 확장되고 있다고 합니다. 사 막화가 진행되면 더 이상 농작물을 재배할 수 없기 때문에 그

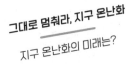

그대로 멈춰라, 지구 온난화

지구 온난화의 미래는?

지역은 기근과 기아로 인한 재앙을 겪게 되며, 이로 인한 이주 등으로 난민이 발생할 수 있습니다.

지리적인 위치로 봤을 때, 우리나라가 사막으로 변하는 일은 없을 것입니다. 그러니 먼 미래에 우리나라에서도 흰 옷을 입고 낙타를 타야 하는 것은 아닌지 걱정할 필요까지는 없습니다. 그러나 황사가 심해지는 것은 어쩔 수 없이 받아들여야 할 겁니다. 어떤 해에는 가뭄이 심해 나라 곳곳에서 농작물이 말라 죽거나 심하면 식수를 걱정해야 하는 상황도 각오해야 겠지요. 지구 온난화는 분명히 우리에게 이로움보다는 해로움을 더 많이 가져올 것이 확실합니다.

절대로 이롭지 않은 지구 온난화

지금까지 지구 온난화가 이상기상이나 이상기후, 기후 변화를 일으킨다고 이야기했습니다. 전 세계에서 나타나는 기상 재해로 인한 피해는 해가 갈수록 커져서 가난한 나라에서는 나라 전체의 경제까지 걱정해야 할 지경에 이르렀지요. 게다가 지구 온난화의 피해는 날씨나 기후의 변화에만 그치지 않는다는 것도 이야기했습니다. 그럼, 앞으로 우리는 어떻게 해야 할까요? 도대체 지구 온난화를 막을 방법이 있기는 할까요?

혹시 지구의 온도가 지금보다 높아지면 더 좋겠다고 생각하는 친구들이 있나요? 우리나라가 아열대 기후로 바뀌면 서울 부근에 바나나, 망고 농장이 생길지도 모른다면서 말이죠. 그러나 지구 온난화는 우리 생활에 절대 이롭지 않은 현상입니다. 또한 아무리 지구가 뜨거워져도 서울 부근에 바나나 농장이나 망고 농장이 생길 가능성은 조금도 없습니다.

현재 우리나라에서 귤이 가장 많이 나는 곳은 제주도입니다. 제주도에 가면 길가에 서 있는 귤나무를 볼 수 있지요. 그런데 요즘에는 제주도뿐 아니라 남부 해안에서도 귤나무를 재배하고 있습니다. 목포에서도 귤나무를 키울 수 있어요.

그러면 서울에서도 귤나무를 키울 수 있을까요? 현재에도 서울과 목포의 연평균 온도와 강수량은 크게 다르지 않습니다. 온도와 강수량만 따져 보면 서울에서도 귤나무를 키우는 데에 아무런 문제가 없어 보입니다. 그러나 유감스럽게도 서울에서는 귤나무를 키울 수 없습니다. 비닐하우스로 온실을 만든다면 키울 수 있겠지만 온실 온도를 유지하고 관리하는

데 만만치 않은 비용이 들 겁니다.

그러면 목포에서 자라는 귤나무가 왜 서울에서는 자라지 못하는 걸까요? 이유는 간단합니다. 매해 겨울철에 몇 번씩 찾아오는 한파 때문입니다. 목포에서는 귤나무가 얼어 죽을 정도로 추운 날이 거의 없지만, 서울에서는 매년 영하 10도 이하까지 떨어지는 날이 며칠씩 되거든요. 귤나무는 이런 추위를 견디지 못하고 얼어 죽습니다. 우리나라의 평균 온도가 아무리 높아진다고 해도 매년 찾아오는 한두 번의 강추위가 없어질 거라고 생각되지는 않습니다.

지구 온난화 때문에 북극의 빙하가 녹고 시베리아 지역의 동토층이 녹고 있다는데, 우리나라에 한파가 없어지지 않는 이유는 무엇일까요?

북극 빙하와 시베리아 동토층이 녹는 것은 여름부터 초가을에 그렇다는 것이지, 겨울에는 이런 일이 발생하지 않습니다. 물론 겨울철에 북극 빙하의 면적이 지구 온난화로 줄어드는 것은 사실입니다. 그러나 그곳의 겨울 온도는 여전히 영하 40도로 매우 춥습니다. 설악산 꼭대기 온도보다 훨씬 낮지요. 미래에 지구 온난화가 아무리 심해져도 지금 영하 40도였던 곳이 0도가 되는 일은 발생하지 않을 것입니다. 우리나라에 한파 공기를 몰고 오는 시베리아 지역도 마찬가지입니다. 그러니 우리나라에 겨울철 한파가 없어질 일은 없을 거예요.

오히려 반대로, 지구 온난화 시대의 겨울은 더 춥게 느껴질 가능성이 큽니다. 연평균 온도가 높아지고 가을철에도 온도가 높아지지만, 겨울철의 한파는 그대로 추우니 더 춥게 느껴지지 않겠어요? 상대적으로 느끼는 추위가 그렇다는 이야기입니다.

혹시 온도가 높아지면 식물이 빨리 자랄 거라고 생각하나요? 어느 정도 맞는 말이지만, 사람이 키우는 식물이나 동물에만 해당한다고 생각합니다. 야생 식물은 자연적으로 오랫동안 진화해 왔기 때문에 갑작스럽게 기후 변화가 일어나면 새로운 환경에 적응하지 못하고 죽고 말 것입니다. 식물은 사람이 옮겨 심지 않으면 기후 변화가 있는 지역을 피해 다른 곳에서 뿌리를 내리기가 불가능하거든요.

갑작스럽게 일어난 기후 변화는 야생 식물이 새로운 환경에 적응할 충분한 여유를 주지 않기 때문에, 기후 변화가 발생한 지역에서는 야생 식물계가 모두 멸종할 가능성이 큽니다. 그러면 이것들을 먹고 사는 야생 곤충이나 동물에게도 당연히 문제가 생기겠지요.

그대로 멈춰라, 지구 온난화
지구 온난화의 미래는?

기후 변화로 인한 생태계 파괴 피해는 바닷속에서도 진행됩니다. 특히 산호초 백화 현상이 심각한 문제로 떠오르고 있습니다. 산호초에는 바다 물고기 3분의 1 정도가 살고 있어서 생태학적으로 매우 중요합니다. 그런데 바닷물의 온도가 높아지고, 강해지는 자외선과 환경오염 등의 영향으로 산호가 하얗게 탈색되는 산호초 백화 현상이 나타나는 거예요. IPCC 기후 변화 보고서에는 지구 온난화로 1.5도 상승이 진행되면 산호초의 90퍼센트가 멸종, 2도 상승 시엔 99퍼센트가 멸종될 거라고 예상하고 있습니다.

혹시, 사람에게는 큰 영향이 없어서 다행이라고 생각하고 있나요? 아니오, 사람들에게도 똑같은 피해가 닥칠 것입니다. 야생 생물의 생태계 파괴나 변화는 결국 사람들이 키우는 작물과 가축에 영향을 끼치기 때문입니다. 과거에는 볼 수 없었던 질병이 생겨나고, 이에 따라서 곡식과 가축의 생산성도 낮아지겠지요. 어쩌면 전 세계는 상상할 수 없는 식량 부족 문제를 겪게 될 수도 있습니다.

그뿐만 아니라 사람들은 치명적인 전염병의 공격을 받을지도 모릅니다. 전 세계 인구의 수십 퍼센트를 죽게 했던 흑사병이나 콜레라 같은 질병이 생기지 않을 거라고 장담할 수 없습니다. 최근에 겪었던 코로나19가 또 다른 모습으로 우리에게 나타날 수도 있고요.

현재까지 진행된 지구 온난화와 이로 인해 생겨난 기후 변화는 아직은 엄청 심각한 수준까진 아니라고 여겨집니다. 최첨단 과학 기술과 야생 생물의 새로운 환경 적응력으로 충분히 극복할 만한 수준이지요. 그러나 문제는 지구 온난화가 앞으로 얼마나 계속될 것이냐입니다. 대부분의 과학자는 지구 온난화가 계속될 것이고, 더욱 거세질 것이라고 예상합니다. 거대한 수레바퀴를 처음에 굴리기는 쉽지 않지만 한번 굴러가기 시작한 수레바퀴를 멈추기란 매우 어렵습니다. 더군다나 수레바퀴가 언덕을 내려가고 있다면 더더욱 멈추기가 어렵지요.

이제 사람들은 지구 온난화가 얼마나 무서운지 알게 되었고, 그래서 피해를 줄일 방법을 찾고 있습니다. 물론 가장 좋고 확실한 방법은 온실가스 양을 줄이는 것입니다. 하지만 우리가 대기 중에 온실 효과를 크게 만드는 화석 연료에 의존해 살고 있으므로, 아무런 대비책을 세우지 않고 화석 연료의 사용을 당장 중단시킬 수는 없습니다. 전기 요금을 지금의 100배나 1000배를 더 내겠다고 마음먹지 않는다면 말이죠. 그러

그대로 멈춰라, 지구 온난화
지구 온난화의 미래는?

므로 지금부터라도 할 수 있는 한 온실가스 배출을 최대한 줄여야 합니다. 또한, 갈수록 심각해지는 자연재해를 막기 위해 도로, 항만, 댐, 강, 건축물 등 피해를 입을 수 있는 시설물을 철저히 점검해야 합니다. 왜냐하면 피하지 못할 기후 변화로 인해서 이상기상이나 이상기후가 앞으로 더욱 자주 발생할 테니까요. 예를 들어, 우리나라의 일일 강수량 최고 기록은 2002년에 강릉에서 태풍 '루사'가 지나면서 내린 비의 양인 870밀리미터입니다. 그때 강릉에서는 엄청난 피해가 발생했는데, 이 비가 강릉이 아니라 다른 도시에 내렸더라도 상황은 같았을 것입니다.

이 최고 기록은 기후 변화에 따라 조만간 깨질지도 모릅니다. 만약 서울에 하루 동안 1천 밀리미터가 내린다고 생각해 보십시오. 상상하고 싶지 않지만, 전혀 가능성이 없는 이야기가 아닙니다. 1천 밀리미터까지는 아니었지만, 2022년 8월 8~9일에 서울과 주변 지역에 400밀리미터가 내렸고, 특히 시간당 140밀리미터 이상의 폭우가 쏟아져서 도심 많은 곳이 물에 잠겼습니다. 인명 피해는 말할 것도 없고, 집과 도로를 달리던 수많은 자동차가 물에 잠겨서 큰 피해를 보았지요. 이런 물난리를 대비하고 또 대비해야 합니다.

지구 온난화를 막을 방안은 없을까?

과학자들은 지구 온난화를 막을 여러 방안을 찾고 있습니다. 화석 연료 사용을 줄이지 않고도 온난화를 막을 방안을 찾아낸다면 노벨상을 받을 자격이 된다고 생각합니다. 전 인류의 생존에 커다란 공헌을 한 것이니까요. 여러 방안이 제안되었는데, 그중에서 설득력이 있다고 여겨지는 두 가지가 있습니다. 첫 번째는 성층권에 햇빛을 차단하는 물질을 뿌리는 아이디어, 두 번째는 지구와 태양 사이에 반사경을 설치하는 아이디어입니다.

첫 번째 아이디어는 성층권까지 먼지를 올려 보내서 햇빛을 효과적으로 차단하자는 것입니다. 화산 폭발이 강력하면 화산재가 성층권에도 올라가므로, 자연스럽게 성층권에 햇빛을 차단하는 물질을 뿌리는 것과 같은 효과를 만들어 낼 수 있습니다. 과거의 초대형 화산 폭발 이후 대기 온도가 어떻게 변했는가를 조사하면 그 효과를 유추할 수 있을 것입니다.

최근 수십 년 사이에 전 세계적으로 세 번의 대규모 화산 폭발이 있었습니다. 미국 세인트 헬렌스 화산(1980년), 멕시코 엘치촌 화산(1982년), 그리고 필리핀 피나투보 화산(1991년) 폭발입니다. 성층권에 올라간 화산재는 대기 흐름을 타고 다른 지역으로 이동하기 때문에 화산이 폭발한 지점과 상관없이 수개월 뒤에는 전 지구를 덮게 됩니다. 크기가 큰 화산재는 무거워서 얼마 안 가서 지구 표면에 떨어지지만, 작은 것은 지구 표면에 떨어지기까지 수년이 걸리는 예도 있습니다. 이렇게 쌓인 성층권의 화산재는 태양 복사 에너지를 흡수하여 성층권의 기온을 높입니다. 이때 성층권에서 태양 복사 에너지가 더 많이 흡수된 것만큼 지구 표면에서 흡수되는 양은 줄어들게 되지요. 실제로 일부 지역에서는 지표면의 온도가 다소 낮아지는 예를 찾아볼 수 있습니다. 그러나 지표면 온도의 변화는 일부 지역에 국한되어 나타나며, 그 기간도 수개월을 넘지 않습니다. 지구의 온도 변화에 영향을 끼치는 것들은 헤아릴 수 없을 만큼 많은데, 화산재에 의한 태양 복사 에너지의 감소는 그 많은 요인들 중에 하나일 뿐이어서 효과가 크지는 않습니다. 만일 대형 화산이 거의 매해 폭발한다면 어떨까요? 이런 식으로 성층권에 햇빛을 반사하는 물질을 뿌릴 수만 있다면 지표면의 온도를 낮출 수는 있을 거예요.

그러나 인공적으로 햇빛 차단 물질을 성층권에 뿌리는 데

엔 상당한 비용이 들 겁니다. 항공기로 뿌리기 어려우니 로켓을 쏘아야 하겠지요. 로켓을 한두 개가 아니라 수십 개를 쏴야 할 수도 있고요. 그런데 이렇게 한다고 해도 걱정되는 게 있습니다. 성층권에 뿌린 햇빛 차단 물질이 우리 생활에 어떤 부작용을 가져올지 현재로서는 데이터가 없어서 모른다는 것입니다. 옛날에 냉장고 냉매제로 쓰였던 신소재인 프레온 가스가

결과적으로는 성층권 오존층을 파괴하는 물질이 됐던 것처럼, 지구를 살리려는 아이디어가 지구를 죽일 수도 있습니다.

그럼, 태양과 지구의 중력이 균형을 이루는 지점에 커다란 반사경을 갖다 놓는 두 번째 아이디어는 어떨까요? 이 반사경이 지구로 들어오는 태양 에너지를 효과적으로 반사한다면 지구는 온난화가 아니라 냉각화를 걱정해야 할 것입니다. 화

성에 우주 탐사선을 보내고 태양계 밖으로도 우주선을 쏘아 올리는 현재의 첨단 과학 기술이라면 태양과 지구의 중력이 균형을 이루는 지점에 딱 맞춰 반사경을 갖다 놓을 수는 있을 것입니다.

이 두 번째 방법은 언뜻 보면 첫 번째 아이디어보다 현실 가능성이 있어 보이지만 어려운 문제가 하나 있습니다. 바로 태양과 지구의 중력이 균형을 이루는 지점이 고정돼 있지 않고 계속 변한다는 것입니다. 태양과 지구의 중력 중심에 위치하지 않으면 반사경은 우주 공간 멀리 날아가 버리고 말 거예요. 먼 훗날에 과학 기술이 더 발달해서 반사경이 스스로 태양과 지구 사이의 중력이 균형을 이루는 지점을 찾아서 위치한다면 정말 온난화를 막을 획기적인 방법이 될지도 모릅니다.

이것 말고도 이산화탄소를 계속해서 소비하고 싶어 하는 사람들에게는 매우 솔깃한 새로운 아이디어가 지속해서 제안될 것입니다. 그런데, 그거 알아요? 지구 온난화를 막을 수 있는 가장 쉬우면서도 확실한 방법은 이산화탄소 등 온실가스를 줄이는 것입니다. 어떤 부작용이 있을지 모르는 햇빛 차단 물질을 성층권에 뿌리는 것이나 반사경을 태양과 지구 사이에 설치하는 것이나, 둘 다 어려운 일입니다. 오랜 연구가 필

요하고, 필요한 비용도 어마어마할 테니까요. 그러니 부작용
도 적고, 상대적으로 비용이 적게 드는 '온실가스를 줄이는 방
법'을 찾아 실천해야겠지요.

지구는 우리 모두의 것이에요!

지구는 우주에서 생명체가 살 수 있는 유일한 행성입니다. 지난 수십억 년 전부터 수많은 생물이 지구에 살고 있습니다. 한때는 무시무시한 공룡도 살았고 현재는 인류를 포함한 많은 생물이 살고 있지요. 가까운 미래에는 우리 후손이 지구에서 자리를 잡고 살 것입니다. 그러면 더 먼 미래에는 어떻게 될까요? 그때도 지구에 우리 후손의 후손이 살고 있을까요?

안타깝게도 지금처럼 지구 온난화와 기후 변화가 계속된다면 인류가 지구에서 살아남을 수 있을지를 아무도 장담할 수

없습니다. 어쩌면 먼 미래에는 여러 공상 영화에서처럼 인류의 멸종이 현실로 나타날지도 모르고요.

산업혁명 이후 사람들은 삶의 풍요를 위해 200~300년간 지구를 오염시켰습니다. 여러분이 사용할 지구의 일부분은 이미 황폐해져 있습니다. 얼마 전까지도 사람들은 지구가 얼마나 망가졌는지를 잘 알지 못했습니다. 그 심각성도 모르고 있었고요. 조금 늦긴 했지만 이제 사람들은 지구 온난화와 기후 변화를 직접 겪으며 지구를 잘 보호해야 미래의 삶이 보장된다는 사실을 절실히 깨닫게 되었습니다.

　우리는 지구를 더는 오염시켜서는 안 됩니다. 지금까지 오염된 것만으로도 우리 후손은 큰 피해를 입게 될 테니까요. 지금 우리가 사용하고 있는 지구는 우리만의 것이 아니라는 생각을 가져야 합니다. 우리 모두는 우리의 후손, 또 그 후손의 후손이 사용할 지구를 잠시 빌려 쓰고 있는 것입니다.

그대로 멈춰라, 지구 온난화
마치며